"十三五"国家重点图书出版规划项目
改革发展项目库2017年入库项目

"金土地"新农村书系·**特种养殖编**

龟鳖

U0263185

生态养殖技术

蔡雪芹　翁如柏 / 编著

SPM 南方出版传媒
广东科技出版社 | 全国优秀出版社
·广　州·

图书在版编目（CIP）数据

龟鳖生态养殖技术 / 蔡雪芹，翁柏如编著 . —广州：
广东科技出版社，2018.6（2020.8重印）
（"金土地"新农村书系·特种养殖编）
ISBN 978-7-5359-6857-9

Ⅰ .①龟… Ⅱ .①蔡… ②翁… Ⅲ .①龟科—淡水养
殖②鳖—淡水养殖 Ⅳ .① S966.5

中国版本图书馆 CIP 数据核字（2018）第 017415 号

龟鳖生态养殖技术
Guibie Shengtai Yangzhi Jishu

责任编辑：区燕宜
封面设计：柳国雄
责任校对：罗美玲
责任印制：彭海波
出版发行：广东科技出版社
　　　　　（广州市环市东路水荫路 11 号　邮政编码：510075）

http : //www.gdstp.com.cn

E-mail : gdkjyxb@gdstp.com.cn（营销）

E-mail : gdkjzbb@gdstp.com.cn（编务室）

经　　销：广东新华发行集团股份有限公司

排　　版：创溢文化

印　　刷：广东鹏腾宇文化创新有限公司
　　　　　（珠海市高新区唐家湾镇科技九路 88 号 10 栋　邮政编码：519085）

规　　格：889mm×1 194mm　1/32　印张 3.125　字数 60 千

版　　次：2018 年 6 月第 1 版
　　　　　2020 年 8 月第 2 次印刷

定　　价：12.00 元

如发现因印装质量问题影响阅读，请与承印厂联系调换。

内容简介

Neirongjianjie

　　该书较全面地介绍了龟鳖养殖状况及其发展前景，系统介绍了龟鳖主要品种的生态养殖技术和疾病防治技术，着重介绍了7种龟鳖的生态养殖技术，内容丰富，图文并茂，科普性和可读性较强。该书将给广大读者开阔视野和带来意想不到的收获，也将有力地促进龟鳖资源保护和养殖事业的发展。

　　龟鳖是最古老的爬行动物之一。人类伊始，龟鳖就与人类文化有着不解之缘，其寓意财富、吉祥、幸福和长寿。随着经济的快速发展，人们生活水平的日益提高和科学文化的进步，龟鳖的经济价值、文化和观赏价值日趋显现，逐渐被人们大量地开发与利用。近年来，龟鳖养殖业取得了前所未有的蓬勃发展。

　　广东是渔业大省，也是龟鳖养殖大省。20世纪80年代末，广东龟鳖爱好者率先开展以石金钱龟和黄缘盒龟、金钱龟等名龟为主的养殖繁育，并取得成功，开始走上规模化发展。目前，一个集亲本选育、苗种繁育、成品养殖为一体充满生机活力的现代名龟产业已经形成，且处于高速发展状态中。名龟养殖已成为广大失海渔民、失地农民和失业居民转产转业、解决生计甚至脱贫致富的重要途径，更成为广大群众积极参与的创造财富的良好方法。

　　为了能让广大龟鳖养殖者以及新入行者迅速掌握龟鳖繁育和生态养殖技术，我们编辑出版《龟鳖生态养殖技术》一书。该书较全面和详细地介绍了龟鳖人工繁育、养殖及其病害防治等知识，内容丰富，通俗易懂，力求科普性、实用性和可操作性相统一。该书将给广大读者开阔视野和带来意想不到的

龟鳖生态养殖技术

收获。

　　《龟鳖生态养殖技术》一书的出版，得助于诸多单位、专家以及广东省、各地级市龟鳖行业协会和广大龟鳖养殖户黎兴福、林忠、邓德明、杨火廖、邝暖春、叶伟明、陈美惠、林济青等的大力支持和协助，在此表示衷心的感谢！

　　因我们编写水平和能力有限，难免有诸多的不足和错误，祈盼广大读者批评指正。

目 录

一、龟鳖养殖概况 **001**
  （一）龟鳖资源概述 002
  （二）龟鳖人工养殖发展情况 003
    1. 人工养殖快速发展 003
    2. 新品种成功引进推广 004
    3. 龟鳖养殖呈现的特点 005

二、龟鳖养殖分布及品种介绍 **007**
  （一）全国龟鳖产业发展概况 008
  （二）广东龟鳖养殖分布情况 008
    1. 珠江三角洲地区 008
    2. 粤西地区 009
    3. 粤东地区 010
    4. 粤北地区 011
  （三）龟鳖养殖品种 012
    1. 三线闭壳龟 012
    2. 黄喉拟水龟 012
    3. 黑颈乌龟 013
    4. 安南龟 013
    5. 黄缘盒龟 014
    6. 乌龟 014
    7. 红耳彩龟 014

8. 中国平胸龟 015

9. 大鳄龟 016

10. 斑点池龟 017

11. 潘氏闭壳龟 017

12. 周氏闭壳龟 018

13. 锦龟 019

14. 黑凹甲陆龟 020

15. 苏卡达陆龟 020

16. 地龟 021

17. 百色闭壳龟 022

18. 云南闭壳龟 023

19. 金头闭壳龟 023

20. 安布闭壳龟 024

21. 黄额盒龟 025

22. 齿缘龟 025

23. 四眼斑龟 026

24. 亚洲巨龟 027

25. 密西西比地图龟 028

26. 纳氏伪龟 028

27. 麝动胸龟 029

28. 菱斑龟 030

29. 中华花龟 030

30. 绿海龟 031

31. 玳瑁 032

32. 中华鳖 032

33. 山瑞鳖 033

34. 佛罗里达鳖 034

三、龟鳖相关知识 035

（一）龟鳖生物学特性 036

1. 生态类型 036

2. 食性 036

3. 繁殖习性 037

（二）龟池建造 039

1. 亲龟池建造 039

2. 稚龟、幼龟池建造 040

四、龟鳖主要品种生态养殖技术 043

（一）金钱龟养殖技术 044

1. 生物学特征 044

2. 繁殖技术 045

3. 饲养技术 048

（二）石金钱龟养殖技术 050

1. 生物学特性 050

2. 繁殖技术 051

3. 饲养技术 054

（三）黄缘闭壳龟养殖技术 057

1. 生物学特性 057

2. 繁殖技术 058

3. 饲养技术 061

（四）黑颈乌龟养殖技术 065

1. 生物学特性 065

2. 繁殖技术 065

3. 饲养技术 067

（五）安南龟养殖技术 069

1. 生物学特性 069

2. 繁殖技术 070

3. 饲养技术 071

（六）乌龟养殖技术 074

1. 生物学特征 074

2. 繁殖技术 075

3. 乌龟池塘饲养管理 075

（七）中华鳖养殖技术 078

1. 生物学特性 078

2. 饲养技术 079

五、龟鳖养殖常见疾病防治技术 081

（一）疾病预防 082

1. 日常管理 082

2. 饲喂方法、饲料质量的影响 083

（二）疾病治疗 084

1. 疾病诊辨 084

2. 龟鳖病的治疗与护理 085

3. 几种常见龟鳖疾病的治疗方法 085

一、龟鳖养殖概况

（一）龟鳖资源概述

龟鳖是最古老的爬行动物之一。据生物化石考证，早在2亿年前，龟类动物就出现在地球上并生息繁衍，其兴盛于1.5亿年之前的侏罗纪中期，种类多样，广泛分布于世界各地，且历经时世变迁、年代更替而繁衍不衰。近一个世纪以来，森林砍伐、土地开垦、过度捕杀及对野生动物在自然界的重要意义认识不足等，导致野生动植物数量逐年锐减，龟鳖类动物也难逃厄运。据调查，目前全世界现存龟鳖类动物有270种左右，其中龟类有235种左右，隶属于颈龟亚目和侧颈龟亚目。而我国现存龟鳖类动物有38种，其中龟类有31种，主要分布在华南地区。

广东是我国龟鳖养殖大省之一，其独特的生态环境和气候条件，极适合龟鳖类动物栖息、繁衍和生长。改革开放以来，在国家政策的驱动下，广东是率先开展龟鳖人工养殖的省份之一，并在一些名贵龟鳖种类取得了驯养及繁殖成功，不但原有品种的种群数量成倍地增长，一些国外种类也在广东成功引进而且安家落户及繁育，尤其是近年，广东龟鳖产业得到较快的发展。根据调查显示，广东养殖的龟鳖类主要有29个品种，原产于广东本地的野生龟鳖类动物现有5科14属16种，包括平胸龟科的平胸龟，淡水龟科的乌龟、黑颈乌龟、黄缘盒龟（黄缘闭壳龟）、黄额盒龟、三线闭壳龟（金钱龟）、地龟、黄喉拟水龟（石金钱龟），海龟科的绿海龟、丽龟、蠵龟、玳瑁，棱皮龟科的棱皮龟，鳖科的中华鳖、山瑞鳖、鼋。2012年广东存栏亲本龟鳖313.8万只，年产龟鳖苗约5 240万只。广东龟鳖经济总产值约212亿元，龟类总产值约181亿元，鳖类总产值约31亿元。其中，金钱龟约83亿元，石金钱龟约92亿元，草龟约1亿元，鳄龟2.3亿元，中华鳖约29亿元，珍珠鳖约1.5亿元。

（二）龟鳖人工养殖发展情况

自古以来，人们一直对龟鳖宠爱有加，从信仰、民俗，到食用、药用及玩赏等方面都有相关记载。近年来，随着经济快速发展，人们生活水平不断提高，食用、药用和玩赏等方面的需求量剧增，导致滥捕乱猎现象日趋严重，造成不少资源与环境破坏，致使有着上亿年历史的野生龟鳖类动物正面临空前的生存危机，野生数量日趋减少。如金钱龟、斑鳖等龟鳖种类已面临濒危现状。

人类利用龟鳖类的历史虽可追溯到几个世纪以前，但养殖业却起步较晚。20 世纪 90 年代之前，在我国龟类养殖业尚未形成一定规模，仅有极少地方开始养殖少量的乌龟。自 90 年代初，我国龟类养殖业才逐步发展，尤其是中华鳖市场价格低迷期间，大多数养鳖场开始转向养龟或兼养龟，一部分投资者也开始注意龟产业，广东、湖南、湖北、浙江等省大大小小的养龟场如雨后春笋般应运而生，龟类养殖业得到了前所未有的发展。

1. 人工养殖快速发展

开展龟鳖类动物人工养殖，不仅有利于增加龟鳖种群数量，而且有利于水生野生龟鳖类资源的保护和开发利用，促进龟鳖产业的持续发展。在国家有关政策驱动和地方行政部门引导宣传下，一些野生龟鳖经销大户从暂养、储养，发展到野生龟鳖人工驯养、亲本选育、苗种繁育和成品养殖，并取得成功。在龟鳖养殖大户和龙头企业示范带动下，广东各地龟鳖养殖业在水产养殖品种结构和生产布局优化调整中开始勃然兴起，成为水产养殖业新的增长点。

广东龟鳖养殖产业，主要分为名龟产业和普通龟鳖产业。名贵龟类，主要用于投资增值或休闲观赏，有金钱龟、石金钱龟和黄缘闭壳龟养殖等，构成了名龟产业。到 2012 年底，广东金钱龟养殖业创造产值 82.8 亿元，其中选育亲本种龟共计 2.74 万只，其中雌龟 1.92 万只、雄龟 0.82 万只；产蛋 1.84 万枚；养殖商品龟 6.8 万只。广东石金钱龟养殖业创造产值 92 亿元，其中选育亲本种龟共计 63 万只（雌龟 46.2 万只、雄龟 16.8 万只）；产蛋 137.8 万枚，繁育苗种 100 万只；养殖商品龟 353 万只。广东黄缘闭壳龟养殖业创造产值 3 亿元，其中选育亲本种龟共计 7 417 只（雌龟 1 982 只、雄龟 5 435 只）；产蛋 7 750 枚；养殖商品龟 25 400 只。现在，广东名龟养殖场点达 8 万个以上，从业人员超过 40 万人，年投入资金超过 100 亿元，一个集亲本选育、苗种繁育、成品养殖和加工流通及综合开发利用为一体的现代名龟产业已经形成。

普通龟鳖主要有中华草龟、鳄龟、中华鳖，主要用于食用。到 2012 年止，广东中华草龟养殖产值 8.9 亿元，其中选育亲本种龟共计 104 万只，其中雌龟 34 万只、雄龟 70 万只；产蛋 2 070 万枚，出苗 1 449 万只，养殖商品龟 2 030 万只。广东鳄龟养殖产值 2.4 亿元，其中选育亲本种龟共计 8 万只（雌龟 5.6 万只、雄龟 2.4 万只）；产蛋 58 万枚，出苗 35 万只；养殖商品龟 10.8 万只。广东中华鳖养殖产值 28.8 亿元，其中选育亲本种鳖共计 166.4 万只（雌鳖 116.4 万只、雄鳖 50 万只）；产蛋 5 761 万枚，出苗 4 897 万只，养殖商品鳖 2 875 万只。

2. 新品种成功引进推广

随着我国实施改革开放政策与世界经济全球化进程的加快，世界各地龟鳖类动物爱好者与广东交流逐渐频繁。龟鳖新品种通过合法渠道引进、新技术试验和新模式推广逐步出现。目前，广东引进的龟鳖类品种有斑点池龟、安南龟、安布闭壳龟、亚洲巨龟、麒麟龟、缅甸陆龟、凹甲陆龟、巴基斯坦星龟、密西西比地图龟、纳氏伪龟、火焰龟、墨西哥巨蛋龟、大小鳄龟、红耳彩龟以及佛罗里达鳖、加拿大角鳖等近 20 个品种，大部分人工驯养、繁殖已取得成功。

3. 龟鳖养殖呈现的特点

经过多年快速发展，广东龟鳖养殖产业呈现 3 个特点：一是名龟类以庭院式养殖为主。广东龟类养殖户大多数利用房前屋后空地、楼顶天台及阳台、空闲房屋改造成水泥池饲养经济价值较高的名龟类，而且一般养殖规模在 50~300 米^2，少数达到数千平方米或上万平方米。养殖数量通常每户在几十只至几百只，多的达数千只至上万只，且以养殖石金钱龟、黑颈乌龟、安南龟、金钱龟等热门品种为主。普通龟鳖则以池塘养殖和室外较大水泥池养殖为主。二是名龟类养殖户大都按照仿生态布置养殖池环境。多数在池边、池中适当栽种水生植物及花草，且以龟背竹、水葫芦、水浮莲等植物为主。三是养殖户防盗安全意识强。由于名龟类经济价值高，名龟养殖场地基本上都安装有红外线摄像监控、报警器等设备，加强防盗，而且还养一定数量的看门狗，有的还与当地派出所报警系统联网，采取一切措施加强安全防范。

二、龟鳖养殖分布及品种介绍

（一）全国龟鳖产业发展概况

我国龟鳖产业起步于 20 世纪 70 年代，主要产区在湖南、湖北、河南和广东，产业中主要以养鳖为主，只有广东和湖北有很少量的食用龟和观赏龟。进入 20 世纪 80 年代末 90 年代初，龟鳖产业快速发展。90 年代末，龟鳖产业经历了一系列的动荡。迈入 21 世纪，形成了经济发达的长江三角洲和珠江三角洲以高新技术、精密加工、市场贸易为主，商品和苗种生产以华中、西南和北方地区为主的局面。

（二）广东龟鳖养殖分布情况

广东龟鳖养殖生产主要集中在以下区域，而且每一个区域都具有不同的特点，主导品种、主推技术和主要模式都不太一样。

1. 珠江三角洲地区

主要集中在顺德、东莞、惠州和中山，养殖品种主要是鳖和金钱龟、石金钱龟等名贵龟类，已形成一定规模，在全国龟鳖产业有较大影响，养殖品种主要是鳖和金钱龟、石金钱龟等名贵龟类，已形成一定规模，在全国龟鳖产业有较大影响，拥有"绿卡中华鳖""南星中华鳖""惠绿源中华鳖"及"李艺金钱龟"等知名品牌养殖企业。

顺德是中华鳖养殖的全国主产区之一，龟鳖养殖业已经成为该区农业的支柱产业之一。2012 年，全区龟鳖养殖户有两三百家，养殖 10 万只以上的大户有 40 多家，年产量近 1 万吨。该区龟鳖业养殖的最大特点是：①与其他地区联系紧密、分工协作；②培养了一大批专业人才和经营骨干，他们拥有资本、技术和经验，把顺德模式复制到广东各地，推动了广东龟鳖养殖业发展。

东莞是金钱龟、石金钱龟等高档龟类集中养殖和消费的地区。据调查，东莞从事金钱龟养殖的约有 250 户，年平均孵化繁育苗种 2 000~3 500 只；从事石金钱龟养殖的有 400~500 户，年平均孵化繁育苗种 30 万只。近年来，黄缘闭壳龟成为该市热点，市场流通总量达 5 万只。

惠州是广东主要的金钱龟产地。目前，全国金钱龟总量约有 60 万只，广东约有 30 万只，其中亲本种龟 3 万只，年育苗 4 万只。以博罗县为例，年产金钱龟苗种约 1 万只。按照种群规模，拥有 500 只以上亲本种龟就是大户了，广东不超过 5 户，拥有亲本种龟 200~500 只，广东约有 15 户，绝大多数都是散户、小户，而且不论是大户还是小户大家都不愿公开。惠州市还是广东高档优质大规格生态中华鳖养殖主产区，全市中华鳖养殖面积 6 500 亩，年育苗 300 万只。

中山是广东龟鳖养殖主产区之一，据不完全统计，2013 年，全市拥有龟类养殖户 1.2 万户，拥有亲本种龟 2 000 只以上，年繁育苗种 1 000 只以上，养殖商品龟 3 000 只以上的龙头企业和大户 500 家，遍布全市 24 个镇、街，主要养殖金钱龟、石金钱龟、安南龟、黑颈龟、黄缘闭壳龟、斑点池龟及中华草龟、鳄龟等数十个品种。全市龟类养殖面积超过 3 万米^2，产量 1 万吨，产值 20 亿元。

2. 粤西地区

主要集中在茂名、湛江等地，养殖品种主要是金钱龟、石金钱龟等名贵龟类。该区有着悠久的养龟历史，是广东龟类主要养殖地区。

茂名的龟类养殖在华南甚至全国具有一定的影响力。茂名是广东最早开展龟类养殖的地区，主要是电白县沙琅镇。近年，该镇龟养殖业发展更加迅速，2007年，沙琅镇养龟户只有380家，至今已经扩展到2万人。沙琅镇于2005年成立电白县沙琅龟鳖业协会和养殖专业合作社。茂名市是石金钱龟养殖主产区。在一批养龟大户带动下，以沙琅镇为中心，龟类养殖业逐步辐射推广到全市。根据统计，2012年，茂名市拥有养龟户近万户，养殖品种也由过去单一品种（金钱龟）发展到数十个品种，拥有金钱龟亲本种龟4 000只，年产龟苗8 000只。2011年，茂名龟鳖养殖业总产值2.38亿元，年纯收入2亿元。

湛江市发展龟鳖养殖有30年的历史，主要集中在赤坎、霞山等城区及其辖下的廉江市。湛江市具有一定规模的龟鳖养殖户有450家，其中从事金钱龟养殖的有100家。湛江市绝大多数金钱龟养殖户也从事石金钱龟养殖，大多数石金钱龟养殖户平均拥有亲本种龟200~300只，每年培育龟苗400~500只，如果按照2012年石金钱龟苗每只320元计，每户能收入15万~20万元。

3. 粤东地区

主要集中在汕尾市、揭阳市，养殖品种主要是中华鳖，是广东中华鳖养殖老区，目前仍有一定产量。汕尾市的中华鳖养殖集中在陆河县，1995年该县甲鱼养殖达到最高峰，养殖面积6 000亩，产值超过1亿元。20世纪90年代中后期到21世纪初，全国甲鱼市场行情走势总体上处于下滑态势。到2012年末，陆河县甲鱼养殖面积不到1 000亩，从业人员寥寥无几。

揭阳市的中华鳖养殖集中在揭东县，该县云路镇是主产区中的集中产区。云路镇的甲鱼养殖面积超过4 000亩，涉及农户近300家，平均每户养殖面积10亩。2012年该镇甲鱼养殖产量达到500

吨，实现利润 1.8 亿元，而且还获得省政府一乡一品专项扶持，其中北洋鳖场还被广东省农业厅评为无公害中华鳖养殖基地。

4. 粤北地区

主要集中在韶关市、河源市，养殖品种主要是中华鳖和黑颈乌龟、平胸龟、石金钱龟等名贵龟类，是广东龟鳖类养殖山区产区。

韶关将特种水产养殖尤其是龟类养殖作为当地渔业发展新的增长点，到 2012 年底，全市已有近 500 个专业户、公司和合作社以适合自己的模式发展龟类养殖，呈现出强劲的发展势头。

（1）南雄市

主养黑颈乌龟。黑颈乌龟是珍稀的地方特色龟类品种，其原产地就是南雄市，而且以该市产的品质最纯正、优良。2012 年南雄市单繁育黑颈乌龟苗种收入超千万元的就有 2 户，上百万元的有 13 户。

（2）始兴县

主养金钱龟。该县拥有近百户金钱龟养殖专业户。2012 年金钱龟养殖收入超 500 万元的有 5 户，收入上百万元的有 12 户。

（3）仁化县

主养平胸龟。仁化县成立了韶关市武江区灵溪龟鳖养殖专业合作社，在灵溪镇建立了平胸龟仿生态养殖生产基地。

（4）武江区

主养中华鳖。武江区成立了武江区惠农渔业专业合作社。目前已完成水面 800 亩仿生态养鳖设施建设且投入生产。

河源市的龟鳖养殖主要集中在紫金县，该县发展龟鳖养殖业起步于 20 世纪 80 年代后期，到 20 世纪 90 年代，产业初具规模，成为广东龟鳖养殖主产区之一。2012 年，紫金县龟鳖养殖面积超过 1 000 亩，产量 400 多吨，总产值 1 000 万元。主要养殖石金钱龟、

中华鳖、鳄龟、巴西龟等，其中石金钱龟以家庭庭院式养殖为主，而中华鳖、鳄龟、巴西龟等则以室外池塘生态式养殖为主。

（三）龟鳖养殖品种

目前，我国龟鳖类动物人工养殖约 100 个品种，在这里主要介绍广东龟鳖人工养殖的常见品种，提供给龟鳖养殖爱好者参考及观赏。

1. 三线闭壳龟

拉丁名 *Cuora trifasciata* Bell，英文名 Chinese Three-striped Box Turtle，别名金钱龟。

（1）保护级别

CITES：附录Ⅱ；红色名录：极危；中国保护级别：二级。

（2）分布

广东、广西、海南、福建以及香港和澳门等地。东南亚如越南等地也有分布。

（3）形态特征与生活习性

金钱龟的形态特征、生活习性详见"龟鳖主要品种生态养殖技术"。

2. 黄喉拟水龟

拉丁名 *Mauremys mutica* Cantor，英文名 Asian Yellow Pond Turtle，别名石金钱龟、石龟。

（1）保护级别

CITES：附录Ⅱ；红色名录：濒危；中国保护级别：三有。

（2）分布

我国华中、华东、华南地区。越南、日本等地也有分布。

（3）形态特征与生活习性

石金钱龟的形态特征、生活习性详见"龟鳖主要品种生态养殖技术"。

3. 黑颈乌龟

拉丁名 *Chinemys nigricans* Gray，英文名 Chinese Black-necked Pond Turtle，别名广东乌龟、红颈乌龟。

（1）保护级别

CITES：附录Ⅲ；红色名录：濒危；中国保护级别：三有。

（2）分布

广东、广西。越南也有分布。

（3）形态特征与生活习性

黑颈乌龟的形态特征、生活习性详见"龟鳖主要品种生态养殖技术"。

4. 安南龟

拉丁名 *Annamemys annamensis* Siebenrock，英文名 Vietnamese Leaf Turtle，Annam Leaf Turtle，别名越南龟、安南叶龟。

（1）保护级别

CITES：附录Ⅱ；红色名录：极危。

（2）分布

主要分布在越南中部地区。

（3）形态特征与生活习性

安南龟的形态特征、生活习性详见"龟鳖主要品种生态养殖技术"。

5. 黄缘盒龟

拉丁名 *Cistoclemmys flavomarginata* Gray，英文名 Yellow-marginated Box Turtle，别名黄板龟、断板龟、黄缘闭壳龟、金头龟、食蛇龟、夹板龟。

（1）保护级别

CITES：附录Ⅱ；红色名录：濒危。

（2）分布

安徽、河南、湖北。日本也有分布。

（3）形态特征与生活习性

黄缘盒龟的形态特征、生活习性详见"龟鳖主要品种生态养殖技术"。

6. 乌龟

拉丁名 *Chinemys reevesii* Gray，英文名 Chinese Three-Keeled Pond Turtle，别名中华草龟、泥龟、土乌龟、草龟。

（1）保护级别

CITES：附录Ⅲ；红色名录：濒危；中国保护级别：三有。

（2）分布

中国。日本、韩国等地也有分布。

（3）形态特征与生活习性

乌龟的形态特征、生活习性详见"龟鳖主要品种生态养殖技术"。

7. 红耳彩龟

拉丁名 *Trachemys scripta* elegans（Wied），英文名 Red-eared Slider，别名巴西龟、巴西彩龟、翠龟、七彩龟、秀丽彩龟、麻将

龟、红耳龟。

（1）保护级别

CITES：未列入；红色名录：低危。

（2）分布

美国南部及墨西哥东北部。

（3）形态特征

头部绿色，具数条淡黄色纵条纹，眼后有一条红色宽条纹。背甲椭圆形，绿色，具数条淡黄色与黑色相互镶嵌的条纹。腹甲淡黄色，布满不规则深褐色斑点或条纹。四肢绿色，具淡黄色纵条纹。尾短。

（4）生活习性

属水栖、杂食性龟类。生活于池塘、湖泊等地。喜食螺、蚌、小鱼，人工饲养时，可投喂肉类、菜叶和米饭等。每年5—8月为繁殖季节，每次产卵1~17枚。

8. 中国平胸龟

拉丁名 *Platysternon megacephalum* megacephalum Gray，英文名 Chinese Big-headed Turtle，别名鹰嘴龟、大头龟、鹦鹉龟、鹰嘴龙尾龟。

（1）保护级别

CITES：附录Ⅱ；红色名录：濒危；中国保护级别：三有。

（2）分布

中国。越南、老挝、柬埔寨、泰国、缅甸。

（3）形态特征

尾巴似龙尾，生育鳞甲，铿锵有力。其头、眼、嘴均似鹦鹉，头大，呈三角形，且头背覆以大块角质硬壳，上喙钩曲呈鹰嘴状。眼大，无外耳鼓膜。背甲棕褐色，长卵形且中央平坦，前后边缘不

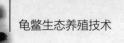

呈齿状。腹甲呈橄榄色，较小且平，背腹甲借韧带相连，有下缘角板。四肢灰色，具瓦状鳞片，后肢较长，有锐利的长爪；前肢 5 爪，后肢 4 爪。

（4）生活习性

自然界中，生活于气候阴凉的山区溪流清澈水中，多在夜间活动，能攀岩爬树，温度 14℃时进入冬眠。食性广，喜食动物性饵料，尤喜食活的，如蚯蚓、蝌蚪、蜗牛等，昼夜均食。人工饲养时，3 年左右开始性成熟，6、7 月产卵。未见挖洞穴，但有护卵行为。每次产卵 1~3 枚，可分批产出。

9. 大鳄龟

拉丁名 *Macrochelys temminckii* Harlan，英文名 Alligator Snapper Turtle，别名鳄龟、蛇鳄龟、鳄甲龟、驼峰龟。

（1）分布

中国。美国东南部也有分布。

（2）形态特征

鳄龟长相酷似鳄鱼，集龟和鳄鱼于一体，其头部较粗大，不能完全缩入壳内，脖短而粗壮，背长有褐色肉刺。眼细小，嘴巴上下颌较小，吻尖。尾巴尖而长，两边具棱，棱上长有肉突刺，尾背前边 2/3 处有 1 条鳞皮状隆起棱背，并呈锯齿状。背壳很薄，上皮以棕褐色为主，偶尔棕黄色，背部具有 3 条模糊棱，并有放射状斑纹，后缘呈齿状，腹部白色，偶有小黑斑点。

（3）生活习性

食性广而杂，小鱼、小龙虾、各种贝类及各种水果蔬菜等都是其猎食的对象，野外个体还会捕食蛇、鸟，也吃腐食。人工饲养时，大鳄龟会吃任何肉类，但要先引诱大鳄龟"开食"。生长 12 年可达性成熟，每年交配 1 次。每年 2—7 月为繁殖期，每次产卵 8~50 枚。蛋的孵化温度变化可决定孵出小龟的性别。孵化期为 100~140 天，幼龟会于初冬出生。

10. 斑点池龟

拉丁名 *Geolemys hamiltonii*，英文名 Spotted Pond Turtle，别名池龟、哈米顿龟、黑池龟。

（1）保护级别

CITES：附录 I ；红色名录：易危。

（2）分布

印度、巴基斯坦、孟加拉国、尼泊尔。

（3）形态特征

头颈均为黑色，布有黄白色斑点。背甲黑色，有大块白色不规则斑点，有明显 3 条嵴棱。腹甲黑色，有白色大块杂斑，后缘缺刻较深。四肢黑色，有白色小杂斑点。

（4）生活习性

自然界中，以昆虫、鱼、虾、贝类及植物为食。人工饲养时，可食菜叶、黄瓜、小鱼、虾、猪肉及家禽内脏，以及人工混合饲料等。适宜生长温度为 20~33℃，15℃ 以下开始冬眠。在广东的 5 月开始产蛋，每窝产 10~40 枚。孵化温度 28~31℃，孵化期 60~66 天。

11. 潘氏闭壳龟

拉丁名 *Cuora pani* Songoing，英文名 Pan's Box Turtle，别名断板龟、河蚌龟。

（1）保护级别

CITES：附录 II ；红色名录：极危；中国保护级别：三有。

（2）分布

主要分布于陕西、四川、湖北以及云南，呈不连续分布的少数种群，多见于稻田旁的水沟中，属于中国特有种。

（3）形态特征

龟头较长，淡黄色。上喙钩形，眼后有两条黄褐色条纹。背甲较低平，淡褐色，有明显的嵴棱，前部和后部边缘不呈锯齿状。腹甲很平，呈淡黄色。盾片相连处有黑色宽条纹。背甲与腹甲间、胸盾与腹盾间腊韧带相连。四肢褐色，较扁平，无斑纹。

（4）生活习性

自然界中，多生活于山边水流平缓、水质清澈的河溪边。人工饲养时，可投喂小活鱼、虾肉、蠕虫、蚯蚓等，不食瓜果和菜叶。环境温度在4℃以上可安全越冬。每年7月产蛋，每次3~7枚，孵化温度27~30℃时，孵化期72~82天。

12. 周氏闭壳龟

拉丁名 *Cuora zhoui* Zhao and Zhou and Ye，英文名 Zhou's Box Turtle，别名黑龟、黑闭壳龟。

（1）保护级别

CITES：附录Ⅱ；红色名录：极危；中国保护级别：三有。

（2）分布

中国分布于广西、云南。国外无。

（3）形态特征

头部为淡灰白色，头部较窄，顶部无鳞。皮肤光滑，吻尖而端部圆钝。上喙钩曲，虹膜黄绿色，鼓膜浅黄色，自鼻孔经眼部，达头部后端有1条淡黄色的细条纹，2条细条纹的边缘嵌以橄榄绿线纹。颈部皮肤布满疣粒，背部、侧部橄榄绿色，腹部浅灰黄色。四肢略扁，背面橄榄绿色，腹面浅灰黄色；前肢5爪，后肢4爪。

（4）生活习性

水栖类，水温在 25~32℃时，活动和摄食欲强，昼夜均食。温度在 20℃以下，龟活动开始缓慢，10℃以下进入冬眠。每年通常在 6—8 月产蛋。孵化温度 27~31℃时，孵化期为 72 天。

13. 锦龟

拉丁名 *Chrysemys picta* bellii Gray，英文名 Western Painted Turtle，别名火焰龟、西部锦龟、西锦龟、火神龟。

（1）保护级别

CITES：未列入；红色名录：未列入。

（2）分布

主要分布在北美大陆加拿大、美国、墨西哥，生活于湖、河、池塘等地。

（3）形态特征

皮肤为黑色，头部、颈部、四肢和尾部长有荧光绿色至荧光黄色或绿色至黄色条纹。背、腹甲、脊线和盾片接缝处为黄色或红色，缘盾有黄色至红色的条纹。雄龟具有较长的前爪和粗长的尾部。而雌龟一般体形较大，前爪较短，尾巴比较短细。

（4）生活习性

属水栖龟类。人工养殖条件下，各种肉类、小鱼虾、蚯蚓，以及家禽内脏、菜叶、香蕉和混合饲料均食。锦龟不怕寒冷，能忍受 0℃以下并安全越冬。也有上岸晒太阳习性。在美国中部自然界，雄龟 4 年性成熟，雌龟则需要 5 年性成熟；但在寒冷地区，雌龟则需要 7~8 年才性成熟。通常每年 6—7 月为产蛋期，而在广东 4 月开始产蛋。每次产蛋 2~22 枚。孵化期 72~80 天。稚龟性别受孵化期温度影响，当孵化期温度控制在 26℃以下孵出的稚龟为雄性，控制在 29℃以上是雌性；在 28℃时，雌、雄性别都有。

14. 黑凹甲陆龟

拉丁名 *Manouria emys*（Schlegel and Muller），英文名 Asian Brown Tortoise，别名缅甸高山陆龟、六足陆龟、亚洲大型陆龟、棕靴脚陆龟、靴脚陆龟。

（1）保护级别

CITES：附录Ⅱ；红色名录：濒危。

（2）分布

主要分布在亚洲南部国家，包括缅甸、泰国、马来半岛及印度尼西亚婆罗洲和苏门答腊岛上，而印度东北部的阿萨姆省（Assam）也有少量分布。

（3）形态特征

黑凹甲陆龟是亚洲大陆最古老的乌龟物种，赋有神话色彩，其庞大的身体，黝黑的甲壳，四肢披满粗大而坚硬的鳞片，而头上鳞片与蛇身鳞片极为相似。由于黑凹甲陆龟后腿内侧有两对凸起的刺状鳞片，所以又称六足陆龟。

（4）生活习性

属陆栖龟类，自然界中，喜欢栖息在植物茂盛的地方。以植物为食，如树叶、竹笋、蘑菇、无花果、香蕉及一些植物茎叶，尤其喜食草莓、西瓜。人工饲养时，可投喂瓜果、蔬菜等。在20℃以上可正常摄食，夏季喜早、晚活动，中午常躲在树荫避暑。冬季，在5~10℃时，能安全越冬。人工饲养时，4—5月和9—10月产卵，每次产卵20~40枚。孵化温度28.9℃时，孵化期63~69天。

15. 苏卡达陆龟

拉丁名 *Geochelone sulcata* Miller，英文名 African Spurred Tortoise，别名苏卡达象龟、南非陆龟。

（1）保护级别

CITES：未列入；红色名录：未列入。

（2）分布

分布于非洲的埃塞俄比亚、苏丹、塞内加尔等国。

（3）形态特征

背甲隆起高，头顶具对称大鳞，头骨较短，鳞骨不与顶骨相接，额骨可不入眶，眶后骨退化或几乎消失；方骨后部通常封闭，完全包围了镫骨；上颚骨几乎与方轭骨相接，上颚咀嚼面有或无中央脊。背腹甲通过甲桥以骨缝牢固联结。四肢粗壮，圆柱形。指、趾骨不超过 2 节，具爪，无蹼。

（4）生活习性

杂食大型陆龟，是世界上第三大陆龟，其背甲长可达 76 厘米。人工饲养时，可投喂多肉植物、青草、菜叶和瓜果，如卷心菜、胡萝卜、木瓜和西瓜等。成龟生活环境温度 22℃以上较适宜，幼龟适宜水温为 25℃。当环境温度低于 20℃时，龟开始少食或停食。人工饲养时，通常需 4~7 年性成熟，雌龟性成熟要比雄龟迟。每年秋季和冬季产卵，每次产 1~17 枚，孵化温度 28~30℃时，孵化期114~120 天。

16. 地龟

拉丁名 *Geoemyda spengleri* Gmelin，英文名 Black–breasted Leaf Turtle，别名锯齿地龟、黑胸叶龟、十二棱龟。

（1）保护级别

CITES：附录Ⅲ；红色名录：濒危；中国保护级别：二级。

（2）分布

广东、海南、广西、湖南。越南也有分布。

（3）形态特征

体形较小，成体背甲长 12 厘米左右，体重 150~250 克。头部浅棕色，上喙钩曲，眼大且外突，自吻突侧沿眼至颈侧有浅黄色纵纹。背甲金黄色或橘黄色，中央具 3 条嵴棱，前后缘均具齿状，共 12 枚，故称"十二棱龟"。腹甲棕黑色，两侧有浅黄色斑纹，甲桥明显，背腹甲间借骨缝相连。指、趾间蹼，尾细短。

（4）生活习性

属半水栖龟类，自然界中，常生活于山区丛林的清澈小溪，尤喜阴凉潮湿环境。杂食性，喜欢摄食蚯蚓、蚂蚁、蟋蟀。人工饲养时，可投喂猪肉及家禽内脏、苹果、黄瓜等，只是不吃鱼类。在安徽，每年 7 月开始产卵，每次 1~2 枚。孵化温度 28~30℃时，孵化期 65~67 天。

17. 百色闭壳龟

拉丁名 *Cuora mccordi* Ernst，英文名 McCord's Box Turtle，别名麦氏闭壳龟。

（1）保护级别

CITES：附录Ⅱ；红色名录：极危；中国保护级别：三有。

（2）分布

我国只分布于广西。国外无。

（3）形态特征

背部呈椭圆形半球状，中间嵴棱隆起。背甲颜色为棕红色；腹甲底色为黄色，带有大片的黑块，能闭合。头部呈黄色，有 1 对镶黑边的橘黄色眶后纹，颈部呈橘黄色。四肢为棕色或橘黄色，指趾间有蹼，尾短且为淡橘黄色。

（4）生活习性

属水栖龟类，自然界中，喜生活于竹子多的环境里，故当地人又称"黄竹龟"。人工饲养时，可喂小鱼虾、牛心、蚯蚓、黄粉虫等，也食香蕉、草莓和谷物。生长适宜温度为 20~28℃，冬眠适宜温度为 4~15℃。每年 4—8 月产卵，每次产 1~4 枚，每年可产 1~3 窝。孵化温度 26.5~30℃时，孵化期 72~82 天。

18. 云南闭壳龟

拉丁名 *Cuora yunnanensis* Boulenger，英文名 Yunnan Box Turtle。

（1）保护级别

CITES：附录Ⅱ；红色名录；灭绝；中国保护级别：一级。

（2）分布

云南。

（3）形态特征

背甲较低，具三棱，嵴棱强。腹甲大，前缘圆，后缘凹入。背腹甲以韧带相连，不能完全闭合于背甲。四肢较扁，指、趾间全蹼。头中等，头背皮肤光滑。头橄榄色，头侧有黄线纹，咽及颏部有黄色对称的斑纹。背棕橄榄色或奶栗壳色，边缘及棱有时为黄白色。腹棕色或浅黄橄榄色，边缘黄白色，鳞缝暗黑色或腹黄橄榄色，在各腹盾上，有浅红棕色污斑。

（4）生活习性

属水栖龟类，杂食性，偏爱动物性食物。人工饲养时，可投喂鱼、虾、肉类及混合饲料等，也可小量投喂西红柿和草莓。适宜生活温度为 22~32℃，15℃以下开始冬眠。每年 4—5 月产卵，每次产 4~8 枚。孵化温度 28~32℃时，孵化期 64~68 天。

19. 金头闭壳龟

拉丁名 *Cuora aurocapitata*（Luo and Zong），英文名 Golden-headed Box Turtle，别名金龟、金头龟。

（1）保护级别

CITES：附录Ⅱ；红色名录：极危；中国保护级别：三有。

（2）分布

安徽。

（3）形态特征

背甲绛褐色，顶部中央有明显嵴棱。腹甲黄色，左右盾片均有基本对称的大黑斑，其前、后甲以韧带相连，可完全闭合于背甲。头平滑，吻略突出于上喙。四肢较弱，背面被以覆瓦状鳞片，前肢5爪，后肢4爪，指趾间蹼发达。尾较短，正中有一纵沟。头金黄色，头侧略带黄褐，有3条细黑纹。

（4）生活习性

属水栖龟类，金头闭壳龟生活于丘陵地带的山沟或水质较清澈的池塘内，也常见于离水不远的灌木草丛中。以动物性食物为主，兼食少量植物，会冬眠。通常需15年左右才达到性成熟。一般雌龟体重500克以上、雄龟需120克以上达性成熟。产卵期为7月底到8月初，分2次产卵，每次产卵1~4枚。

20. 安布闭壳龟

拉丁名 *Cuora amboinensis* Daudin，英文名 Malayan Box Turtle，Southeast Asian Box Turtle，别名驼背龟、越南龟、马来闭壳龟。

（1）保护级别

CITES：附录Ⅱ。

（2）分布

孟加拉国、泰国、缅甸、柬埔寨、越南、马来西亚、印度尼西亚和印度东部。

（3）形态特征

在头部和四肢收缩后，它可使甲壳完全闭合。背甲光滑，且高高隆起呈半球形，在成龟背甲的中央有 1 条嵴棱，但幼龟的背甲两侧可能会呈现出 2 条额外的嵴棱。背甲橄榄色，褐色或几乎是黑色，腹甲黄色或米色，有一块黑色的大斑点。面部有黄色的纵向条纹。成年雄性龟的腹甲有些凹陷，成年雌性龟的腹甲平坦。

（4）生活习性

属水栖杂食性龟类。自然界中，栖息于低洼地、水潭和山涧溪流处，常以蜗牛、昆虫、小鱼、虾和植物茎叶为食物。温度 25℃正常摄食，20℃以下冬眠。

21. 黄额盒龟

拉丁名 *Cistoclemmys galbinifrons* Bourret，英文名 Indochinese Box Turtle，别名海南闭壳龟、花背箱龟。

（1）保护级别

CITES：附录Ⅱ；红色名录：极危；中国保护级别：三有。

（2）分布

海南、广东、广西。越南也有分布。

（3）形态特征

头顶平滑，浅奶油色、浅黄色或浅绿色，两侧有黑色的窄条纹。下颚和颈部下方呈明亮的浅黄色。背甲高隆，壳高为壳长的1/2，背棱明显。腹甲大而平，前后缘圆，无凹缺。腹甲与背甲以及腹甲前后二叶均以韧带相连，腹甲二叶能向上完全闭合于背甲。

（4）生活习性

生活于丘陵山区及浅水区域，以肉食性饵料为主。对环境温度要求较高，适应能力差。每年 6—10 月为繁殖期。

22. 齿缘龟

拉丁名 *Cyclemys dentata* Gray，英文名 Asian Leaf Turtle，别名

锯背圆龟、锯龟、亚洲叶龟。

（1）保护级别

CITES：未列入；红色名录：低危或近危。

（2）分布

云南、广西、广东等。泰国、越南、老挝、柬埔寨、马来西亚、印度尼西亚、菲律宾等地也有分布。

（3）形态特征

成龟背甲长 20~24 厘米。背甲略扁，长大于宽。背中央嵴棱幼龟极明显，随年龄增长而不显；背甲后缘锯齿状，幼龟尤为显著。腹甲较窄，前端平切或圆突；成年个体在腹甲舌板与下板之间有韧带发育。颜色变异甚大，背甲、腹甲均为棕褐色，腹甲每一盾片上都有黑色放射状线纹。

（4）生活习性

属水栖龟类，杂食性。人工饲养时，尤喜摄食虾肉、瘦猪肉。对温度的变化较为敏感，一般温度 20℃时，少量进食，17℃进入冬眠期，35℃高温则会出现"夏眠"，不摄食。人工饲养时，在 5 月、8 月、10 月和 11 月产卵。

23. 四眼斑龟

拉丁名 *Sacalia quadriocellata* Siebenrock，英文名 Four Eye-spotted Turtle，别名六眼龟。

（1）保护级别

CITES：附录Ⅲ；红色名录：濒危；中国保护级别：三有。

（2）分布

福建、广东、广西、海南、江西。越南、老挝也有分布。

（3）形态特征

该龟体形适中。头顶皮肤光滑无鳞，上喙不呈钩状，头后侧各有 2 对眼斑，每个眼斑中有一黑点，颈部有 1 条纵纹。其背甲棕色且具花纹，后缘不呈锯齿状或略呈锯齿状。腹甲淡黄色，每块盾片均有黑色大小斑点，背甲与腹甲间借骨缝相连。趾间具蹼。

（4）生活习性

性情胆小，一般喜栖于水底黑暗处。连续多次将鼻孔露出水面呼吸后，静伏水底可达 15~20 分钟。杂食性，人工饲养时，喜食动物性饵料。产卵期在 5—6 月中旬。每次 1~2 枚，有分批产卵的现象。

24. 亚洲巨龟

拉丁名 *Heosemys grandis*，英文名 Giant Asian Pond Turtle，别名大东方龟。

（1）保护级别

CITES：附录Ⅱ；红色名录：易危。

（2）分布

缅甸、泰国、柬埔寨、越南和马来西亚。

（3）形态特征

亚洲巨龟是硬壳、半水栖性的亚洲水龟中体形最大的一种。最大背甲长度近 50 厘米，呈棕褐色，高耸成拱形，后端为锯齿状，中央有明显突起的嵴棱。头部呈灰绿色至褐色，点缀黄色、橙色或粉红色的斑点。腹甲黄色，每块盾片均有光亮的深褐色线纹，组成显著的放射状图案。趾间有蹼。

（4）生活习性

杂食，自然界中，以植物性食物为主。人工饲养时，可喂胡萝卜、地瓜叶、番茄、香蕉等，也食鱼肉、猪肉及混合饲料等。13℃左右不再摄食。当温度降至 5℃，且连续 15 天以上时，龟会出现死亡现象。在广东，每年 4 月开始产卵，每窝 4~8 枚，卵白色，椭圆形，卵平均重 49.8 克。当孵化温度 25~32℃时，孵化期为 150 天左右。

25. 密西西比地图龟

拉丁名 *Graptemys kohnii* Baur，英文名 Mississippi Map Turtle，别名地图龟、科亨氏图龟。

（1）保护级别

CITES：未列入。

（2）分布

美国。1999 年我国少量引进。

（3）形态特征

头部棕灰色，头和颈部布满黄色细条纹，眼后有月牙形黄色细条纹。四肢棕灰色，也有黄色细条纹。尾短。背甲圆形，棕红色（幼龟），每块盾片均具有黄色细条纹，似地图纹状。腹甲淡黄色，具棕色细条纹。

（4）生活习性

水栖，杂食性，喜食小鱼、黄粉虫、瘦猪肉及人工混合饲料。水温 20℃时，主动摄食，温度 5℃时自然冬眠。

26. 纳氏伪龟

拉丁名 *Pseudemys nelsoni* Carr，英文名 Florida Red–bellied Turtle，别名佛罗里达红肚龟、纳尔逊氏伪龟。

（1）保护级别

CITES：未列入；红色名录：未列入。

（2）分布

美国。

（3）形态特征

背甲圆形，棕灰绿色，每块盾片均具有黄绿色细条纹，似地图状。腹甲淡黄色，具棕绿色细条纹。头和颈部布满橘红或淡黄色细条纹，眼后具有淡黄色长方形斑块。

（4）生活习性

水栖龟类，生活于河、湖、小溪、沼泽地或潮湿陆地。杂食，喜摄食小鱼、鱼卵和水草等。每年 3—7 月产卵，每次产 9~10 枚。孵化期为 75 天左右。

27. 麝动胸龟

拉丁名 *Sternotherus odoratus* Latreille，英文名 Common Musk Turtle，别名普通动香龟、密西西比麝香龟、蛋龟。

（1）保护级别

CITES：未列入。

（2）分布

美国、加拿大等。

（3）形态特征

背甲黑色，中央隆起，似鸡蛋状半圆形，前后缘不呈锯齿状。腹甲淡棕色，较小，腹甲各盾片间隙较大，借皮肤连接。头部褐色，较尖，侧面有 2 条淡黄色纵条纹，延长至颈部，下颌中央具 1 对触角。四肢褐色。尾短褐色。

（4）生活习性

属水栖杂食性龟类，栖息于湖、小溪、沼泽地，尤其喜欢生活于流速缓慢或静止水域。自然界中，若遇地区天气干旱，龟会躲入泥浆中夏眠，等待下雨补充水分再活动。以鱼、虾、螺、水草和藻类等为食。多数雄龟生长 3~7 年，背甲长 60~70 毫米时性成熟，雌龟需 2~11 年，背甲长 57~65 毫米时性成熟。在广东，每年 3 月中下旬开始产卵，每窝 2~4 枚，体形较大的龟可产较多的卵。孵化温度 28~30℃时，孵化期 70~87 天。

28. 菱斑龟

拉丁名 *Dermochelys coriacea* Schoepff，英文名 Diamondback Terrapins，别名泥龟、钻纹龟、钻石龟。

（1）保护级别

CITES：未列入；红色名录：低危或近危。

（2）分布

美国。

（3）形态特征

背甲淡绿色，呈椭圆形，每块盾片上均具 2~3 条黑色环形斑纹，中央有 1 条嵴棱。腹甲淡黄色，有黑色斑点或斑块。头部淡青色，有数条长短不一的褐色条纹。四肢青绿色，有黑色斑纹，前肢 5 爪，后肢 4 爪，尾短。

（4）生活习性

水栖肉食性龟类，是北美龟类唯一可生活于含盐水域的种类。日常以甲壳类和螺为主食。人工饲养时，可投喂瘦猪肉、小鱼及人工混合饲料。适宜温度 20~30℃，水温 5℃ 可自然冬眠。每年 4—7 月开始产卵，每年产卵 3 窝，每窝 4~18 枚。温度 28~32℃时，孵化期为 56 天左右。

29. 中华花龟

拉丁名 *Ocadia sinensis* Gray，英文名 Chinese Stripe-necked Turtle，别名中华条颈龟、花龟、斑龟、珍珠龟、六线草。

（1）保护级别

CITES：附录Ⅲ；红色名录：濒危；中国保护级别：三有。

（2）分布

福建、广东、广西、海南、江苏、浙江、台湾和香港。越南、老挝也有分布。

（3）形态特征

体形较大，背甲长 20 厘米左右。背甲呈栗褐色，较低，具 3 条明显的嵴棱。腹甲棕黄色，每一盾片均有黑色板块。头、颈、四肢具数条黄、褐相间的细条纹。

（4）生活习性

水栖，杂食性。雌龟随休形增长，食物由杂食性转为植物性；雄龟摄食较多的动物性食物。适宜生活水温 25~32℃，低于 15℃ 则停食。有上岸晒背习性。人工饲养时，一般需 4 年左右达到性成熟。在广东，每年 3 月开始产卵，4—5 月为产卵高峰期，每窝 4~20 枚。在人工孵化温度 28~30℃时，孵化期为 55~60 天。

30. 绿海龟

拉丁名 *Chelonia mydas* Linnaeus，英文名 Common Green Turtle，别名海龟、菜龟、黑龟。

（1）保护级别

CITES：附录Ⅰ；红色名录：极危；中国保护级别：二级。

（2）分布

生活于海洋中。在江苏、浙江、福建、台湾、广东等沿海地带都有分布，尤以南海为多，但产卵场所只有福建西部和广东东部的沿岸和岛屿。

（3）形态特征

个体庞大，头略呈三角形，暗褐色，两颊黄色。颈部深灰色，吻尖，嘴黄白色，眼大，前额上有一对额鳞。背甲呈椭圆形，为茶褐色或暗绿色，上有黄斑，盾片镶嵌排列，具放射的斑纹。背腹扁平，腹甲黄色。四肢特化成鳍状的桡足，像船桨。

（4）生活习性

海栖，杂食性，以海带、头足类动物为食。水温在20~28℃时，摄食、生长均处于最佳状态。自然界中，稚龟需要20~50年才能性成熟。

31. 玳瑁

拉丁名 *Eretmochelys imbricata*，英文名 Hawksbill Turtle，别名十三鳞龟、文甲、鹰嘴海龟。

（1）保护级别

CITES：附录 I；红色名录：极危；中国保护级别：二级。

（2）分布

亚洲东南部和印度洋等热带和亚热带海洋中。

（3）形态特征

头顶有两对前额鳞，吻部侧扁，上颚前端钩曲呈鹰嘴状；前额鳞2对；背甲盾片呈覆瓦状排列；背面的角质板覆瓦状排列，表面光滑，具褐色和淡黄色相间的花纹。四肢呈鳍足状。前肢具2爪。尾短小，通常不露出甲外。性情强暴。

（4）生活习性

海栖杂食性动物，主要捕食鱼、虾、蟹和软体动物，也吃海藻。自然界中，主要栖息于沿海珊瑚礁、海湾等。当水温在10℃以下，玳瑁静卧水底，不摄食。3.5~4.5年达到性成熟。每年4—7月为繁殖期，每年产卵2~4窝，每窝通常产卵115~138枚，卵白色，圆球形，壳软。孵化期一般为60~65天。

32. 中华鳖

拉丁名 *Pelodiscus sinensis*，英文名 Chinese Softshell Turtle，别

名甲鱼、王八、水鱼、团鱼。

（1）保护级别

CITES：附录Ⅲ；红色名录：易危；中国：未列入。

（2）形态特征与生活习性

中华鳖的形态特征、生活习性详见"龟鳖主要品种生态养殖技术"。

33. 山瑞鳖

拉丁名 *Palea steindachneri* Siebenrock，英文名 Wattle-necked Softshell Turtle，别名山瑞、瑞鱼、甲鱼、团鱼。

（1）保护级别

CITES：未列入；红色名录：濒危；中国保护级别：二级。

（2）分布

缅甸、泰国、柬埔寨、越南南部和马来西亚。

（3）形态特征

山瑞鳖较为肥厚，体积比一般的中华鳖大很多，且头两侧有好些疣粒。体长30~40厘米，宽23厘米左右，体重20千克左右。头部较大，呈圆锥形，为黑色或黑绿色，吻部向前突出，并形成管状吻突。颈部较长，背盘前缘有1排粗大的凸粒，身体较厚，背、腹两面是由骨板包着的，左右两侧联结起来，形成一副特别的"铠甲"，背面深绿色，上有黑斑；腹面白色，布满黑斑。甲的周围有宽而肥厚的革质皮膜，恰似短裙，所以叫裙边。四肢扁平，后缘薄，似桨状。趾间有发达的蹼，都具3爪，雄性尾狭而长，可超出裙边，雌性尾宽而短。

（4）生活习性

偏动物性杂食性。自然界中，吃小鱼、小虾、昆虫、蠕虫等。人工饲养时，喂食福寿螺肉、田螺肉、蜗牛肉、蚌肉、鱼肉、动物内脏下脚料及蚯蚓和蝇蛆等。山瑞鳖一般都在晚上大量摄食，投喂量一般是它体重的 5%~8%。

34. 佛罗里达鳖

拉丁名 *Apalone ferox* Schneider，英文名 Florida Softshell Turtle，别名珍珠鳖、美国甲鳖。

（1）保护级别

CITES：未列入；红色名录：未列入。

（2）分布

美国。

（3）形态特征

背甲橄榄绿或灰褐色，有黑色斑点，呈长椭圆形，背甲周围有一条淡黄色条纹。腹甲灰白色。头部橄榄绿色，两侧有淡黄色条纹，吻突较长。四肢橄榄绿色。尾短。

（4）生活习性

底栖，杂食性，性情温顺。人工养殖可投喂小杂鱼、家禽内脏和中华鳖混合饲料。最适水温 28~30℃，当环境温度在 18℃时少量摄食，随水温升高，摄食量逐渐恢复正常；当水的温度在 14℃以下进入冬眠。一般 2 年可达性成熟。第 3 年水温升至 25℃时开始产卵。每年 5—9 月为繁殖期，通常每年产卵 4~5 次，每次产卵 30~40 枚。室内孵化温度在 30℃和室内相对湿度 85% 的条件下，孵化期为 45 天左右。

三、龟鳖相关知识

（一）龟鳖生物学特性

1. 生态类型

根据生存环境，龟鳖可分成水栖、半水栖、海栖、陆栖和底栖5种生态类型。

（1）水栖

水栖龟类以江河、湖泊、池塘等淡水为栖息环境，其指、趾间具有丰富的蹼，背甲扁平，边缘呈流线型，可自由沉浮于水中。如拟水龟属、眼斑龟属、平胸龟属等。

（2）半水栖

半水栖龟类是一群仅生活于小溪、山涧溪流等浅水或附近陆地区域的龟鳖，其指、趾间的蹼不发达。如地龟科、黄缘闭壳龟等。

（3）海栖

海栖龟类指生活在海洋的龟类，其四肢特化为桨状。除雌龟上岸产卵外，终身生活于海洋。如绿海龟、棱皮龟等。

（4）陆栖

陆栖龟类是生活于沙漠、沼泽、丘陵等陆地龟类，其指、趾间无蹼。如缅甸陆龟等。

（5）底栖。

底栖龟类是一类除雌性上岸产卵外，终身生活于各种湖泊、江河和池塘等淡水水域底部的鳖类动物。如中华鳖等。

2. 食性

龟鳖类动物食性非常广泛，按照食物的来源，龟鳖食性可分为3种类型：动物性、植物性和杂食性。龟鳖类动物食量因体重不同食量有较大差异。如 1 只体重 2.5 千克的缅甸陆龟，一次可吃 3~4 根香蕉或 3 根黄瓜。龟鳖耐饥渴能力很强。健康的龟鳖可 5~8 个月不吃食物，如在长时间冬眠期。

（1）动物性

半水栖龟类为动物性，如黄缘闭壳龟、地龟等。产于东南亚的马来龟，食性单一，几乎专吃软体动物。几乎所有的鳖类均为动物性，摄食小鱼、螺、蚌等。

（2）植物性

大多数陆栖龟类为植物性，食植物如黄瓜、香蕉、白菜等及各种草类，不食肉类。

（3）杂食性

一般来说，水栖龟类为杂食性，如平胸龟科、鳖科、鳄龟科及龟科中的大部分通常以摄食各种肉、鱼、蠕虫等为主，少量食植物。海栖龟类均为杂食性，食海藻、鱼类、甲壳类动物等。少数陆栖龟类食肉类，如缅甸陆龟。

3. 繁殖习性

（1）雌、雄鉴别

成熟的雌、雄龟鳖特征比较明显，主要表现在外形方面。个体大小有异，大多雄龟个体较小、爪长，雌龟个体较大；尾巴区别，雄龟尾长、粗，雌龟尾短、细；腹甲区别，雄龟腹甲多数凹陷，而雌龟腹甲平坦；泄殖孔部位区别，雄龟泄殖孔位于背甲后缘之外，雌龟泄殖孔位于背甲后缘之内。

（2）性成熟

性成熟年龄因种类、分布地域和人工养殖条件的饲养方式不同而存在差异。乌龟和中华花龟等水栖龟类通常 4 年即可达到性成熟；而多数闭壳龟的性成熟年龄在 7~9 年；绿海龟的性成熟年龄则

要 20 年左右，人工饲养条件下，一般可以提前 1~2 年。

（3）交配

龟鳖类动物属自然交配，雄性龟鳖在求偶和交配时，会向雌性龟鳖发出强烈的行为信号，如水栖龟类的雄龟以惊人的速度追逐雌龟，若雌龟逃离，雄龟则绕到雌龟的前方，伸长头颈，上下抖动着挡住雌龟前进。当雌龟静止不动时，雄龟立即爬上雌龟背甲；若雌龟继续爬行，雄龟则会咬住雌龟的颈部，阻止雌龟头部缩回。相对而言，陆龟交配则显得比较粗暴，雄龟追逐雌龟，反复猛咬雌龟前脚，促使雌龟的头缩进壳内，然后猛烈撞击雌龟，直至雌龟停止爬行。

（4）繁殖期

每年 5—10 月，一般是龟鳖繁殖期，生活于南方的同一种龟鳖的繁殖时间要比北方早 2~3 个月。金钱龟一般在 6 月中旬开始产卵，7 月为盛产期；乌龟和石金钱龟一般在 4 月初开始产卵，一直持续到 9 月，盛产期在 6—7 月。

所有龟鳖都是卵生，卵呈白色，卵一般产在比较潮湿的陆地上。产卵前，用后肢挖 8~20 厘米深的洞穴作为巢穴。龟鳖正在产卵时，受到惊动处之泰然，坚持产完卵后方离开。不同种类的龟鳖，每次产卵数量也不同，少则 1 枚，多者达 200 枚（如海龟）。产卵的数量随着雌龟年龄的增大而增多。龟鳖类的卵多数呈椭圆形，外壳坚硬，无韧性；但海龟的卵呈圆形，外壳类似羊皮膜，有韧性。龟鳖没有守巢护卵的习性，产卵后，仅用后肢扒沙或土将卵掩盖，并用腹部压实沙或泥土后离开产卵地。自然环境下，卵的孵化完全依赖环境温度和湿度，孵化期长短与气温高低和空气湿度有着密切关系，一般为 55~100 天。水栖龟类孵化期较短。若天气暖热，孵化期较短；若天气凉爽，则孵化期长一些；有的卵甚至成了过冬卵，至翌年才孵出。

（5）冬眠习性

休眠通常是与暂时或季节性环境条件的恶化相联系的。当温度在15℃以下时，龟鳖开始冬眠。根据休眠的特点，可分为冬眠、夏眠和日眠。低温是冬眠的主要因素；干旱及高温是夏眠的主要诱因；食物短缺则是日眠的主要原因。除海龟外，我国的龟鳖均有冬眠习性。四爪陆龟在高温干旱条件下，还有夏眠习性。

（二）龟池建造

家庭式养龟，可因地制宜利用现有条件建设养龟池。龟池的构造一般包括4部分：一是水池；二是食饵场；三是龟窝，在陆地，要遮光；四是沙池（即产卵池）。龟池4部分要相通。下面以名龟类繁养为例介绍养龟池的建造。

1. 亲龟池建造

亲龟池环境要求是空气清新，开阔、向阳、避风，水质好、进排水方便。亲龟池面积一般 4~30 米^2，池壁高度为 50 厘米，池中深水区水深 20~30 厘米，浅水区水深 10~15 厘米，池底要求泥土或砂质泥土、无冷浸水、无渗漏。水源充足、无污染、排灌方便。亲龟池构造由水池和陆地两部分组成，陆地又由食池（摄食平台）和产卵场以及运动休息场地组成，水陆面积比例约 7：3 为宜，水池与陆地之间以 25°~30° 斜坡相连接，目的是方便亲龟爬到食池摄食和陆地休闲晒背及沙池产卵。龟池四周环境应绿化，多栽种不易落叶的植物，如龟背竹、水葫芦等，尽量模拟自然生态环境，有利于亲龟生长、产卵、繁殖。产卵池面积大小应根据养龟规模的实际状况设定，一般要 0.8 米^2 以上，原则上占龟池面积 15% 左右，铺上沙土，沙土比例为 4：1，沙土厚度 25~35 厘米，沙土粒直径小于或等于 0.8 毫米，湿度 5%~10%。

2. 稚龟、幼龟池建造

目前稚龟多采用加温饲养的方式，室内、室外均可建造。因此，建造稚、幼龟池要以方便加温、建造保温棚架设施和饲养管理为原则。

（1）室内稚、幼龟池建造

目前多采用不锈钢、铝合金或玻璃材质，建成长方形，并根据室内情况，可建成 3~5 层结构，每层高差 15 厘米左右，每层可设计多个并联且面积相同的龟池。每个龟池面积不宜太大，1~1.5 米^2。龟池深度以龟不能爬出龟池为宜，一般池深 30~40 厘米，水深 10~20 厘米。每个龟池配置排、灌水系统，出水口要安装栅栏，以防稚、幼龟在排水时逃跑。龟池中可放一些高出水面的砖块，方便稚、幼龟爬上砖块晒背、休息。水池中设食台，方便稚、幼龟取食并及时清理残余饵料。室内保温性能要好。保温设施建造：一是房内四周墙壁及天花可采用泡沫板综合材料；二是采用地板发热控温，利用房屋地板铺设通电发热管。

（2）室外稚、幼龟池（包括天台、阳台）建造

一般可用水泥砖石结构，可建成长方形池，面积 2~20 米^2，大龟池中也可再分成若干小格（小龟池），龟池面积和长度可视生产规模而定，全池四周应有 30 厘米高的矮墙。龟池深度以龟不能爬出龟池为宜，一般池深 30~40 厘米，水深 20~25 厘米，池中水面另一边留陆地，陆地与水池以 25º 斜坡与陆地相接，方便稚、幼龟爬上岸晒背、休息。食台设在水池与陆地相接处的平台上，方便稚、幼龟取食并及时清理残余饵料。水池要设有进、排水系统，进、排水口要设防逃网。

稚龟娇小、体弱，抵御外界敌害侵袭的能力较差，因此最好

在稚龟池上罩上铁丝网，可减少不必要的损失。幼龟池蓄水深度可根据所养龟的个体大小而定，一般水深 10~20 厘米，池底铺一层 10 厘米厚的细砂，池的一侧用砖块或水泥板砌成一块与水面平行的平台供龟栖息、晒背。紧靠水泥平台处用水泥板或木板设置饲料台，面积视放养龟的密度而定。龟池的进、排水系统要配套，进、排水管要安装调节阀门，能随意排放冷、热水以调节水温。出水口要装栅栏，防止稚、幼龟逃走。一般加温饲养时，保持水温在 26~30℃，使稚、幼龟常年在水温稳定的饲养池内快速生长。

（3）成龟池建造

成龟池建在室内、室外均可，水泥砖结构，面积 2~30 米² 为宜，池壁高度 55~90 厘米，具体高度要以防成龟逃墙为准。在水池中设置一些高出水面 10 厘米旱地，供龟爬上晒背。场地较大，应设喂食池，内设排灌装置，有利于投喂饵料后进水和排水，不污染池里水质。若场地允许，还应建沙池，供成龟爬上沙池过冬。龟池四周适当栽种一些不易落叶植物，景象仿生态环境，适宜龟类生活。

四、龟鳖主要品种
生态养殖技术

在广东，龟鳖养殖品种较多，由于篇幅有限，这里只介绍金钱龟、石金钱龟、黄缘闭壳龟、黑颈乌龟、安南龟、乌龟、中华鳖这几个主要品种，仅供参考。

（一）金钱龟养殖技术

金钱龟，淡水龟科，闭壳龟属。主要分布于广东、广西、海南、福建以及香港和澳门等地，国外分布于东南亚，如越南等地。金钱龟是我国名龟类最具代表性品种之一。因其有富贵、吉祥、长寿之象征，历来深受人们的喜爱和崇拜，是近年养殖热门品种。

1. 生物学特征

（1）形态特征

金钱龟头顶部金黄色或灰黄色，头较小，颈部较细长，头顶部光滑无鳞，鼓膜明显而圆。头两侧黑色，眼后有红褐色的椭圆形斑块。背部有3条黑色纵纹，呈"川"字形，背甲和腹甲可完全闭合，因此得名"三线闭壳龟"。背甲棕红色，产于海南的金钱龟腹甲全黑色；产于广西的金钱龟腹甲前端有"米"字形黑色斑纹，其边缘为黄色，表皮橘红色，故当地人又称"红边龟"；产于广东的金钱龟头顶部呈金黄色。

（2）生活习性

金钱龟性情温和，喜欢群居，栖息于安静、隐蔽的地方，白天喜欢选择在阴暗有遮蔽的地方栖息，傍晚后活动频繁。金钱龟对环境的干扰易产生应激反应，遇到敌害或受惊后即逃避、躲藏或头部和四肢缩入龟壳里，严重的紧闭背甲，以防受害，或迅速潜入水底。金钱龟属水栖，人工饲养的金钱龟一般在傍晚时才上岸活动或觅食，喜群居，一般两三只同居一穴，多时每穴达七八只。每年 11 月至来年 3 月为冬眠期，身居穴内不食不动，4 月开始外出活动。其适宜的生长温度为 24~32℃，温度上升到 36℃ 时开始不适应，38℃ 时会蛰伏不动，10℃ 以下即进入冬眠，4℃ 以下有"僵死"的危险。杂食性，喜食蚯蚓、瘦肉、小鱼，也食南瓜、葡萄、香蕉等植物性食物。每天的摄食量为龟体重的 5%~10%。摄食活动与温度直接相关：水温低于 20℃ 时基本不摄食，24℃ 时恢复摄食，故其摄食量会随季节温度变化而增减，6—9 月为旺食期。摄食时间一般在傍晚到翌日早晨。金钱龟生长速度缓慢，每年约增重100 克。但在夏秋旺食时期，若饲料充足且质量好，一个月可增重20~30 克。

龟的性成熟年龄因性别的不同而有差别。野生金钱龟性成熟一般要 6~10 年，雌龟性成熟为 8~10 年，体重 1 250~1 500 克；雄龟性成熟为 6~8 年，体重 700~1 000 克。人工饲养时，由于饵料营养均匀丰富，生长速度快，性成熟会提前，一般饲养 5~8 年则达到性成熟，雌龟为 6~8 年，体重 1 350~2 000 克；雄龟为 5~7 年，体重若 800~1 500 克可达到性成熟。金钱龟是卵生、体内受精动物。一般在每年的秋季自然交配，次年夏季产卵。每年 9—10 月温度在20~25℃ 时，性成熟的金钱龟在下午 5：00—6：00 开始发情交配，来年 5 月，水温上升到 25℃ 时，雌龟开始产卵。产卵持续到 7 月底结束，全期产卵 3~4 次，每次产卵 2~4 枚。孵化温度 28~32℃ 时较适宜，受精卵经 50~80 天可孵化出小龟。

2. 繁殖技术

（1）繁殖场地建设

1）亲龟池建设。详见"龟池建造"的内容。

2）孵化设施与孵化介质。

①孵化房建设。根据实际，孵化房建造的面积可大可小，一般

龟鳖生态养殖技术

在 10~30 米 ^{2}，并可视孵化卵的规模情况增大或缩小，室内可建成 3~4 层；门、窗设施齐全，通风透气，保温性能好；配置温度计和湿度计。

②孵化箱。木箱、塑料箱和泡沫箱均可（若少量孵化可用现成的泡沫箱），规格长度为 50~100 厘米、宽度 30~50 厘米、高度 20~30 厘米，箱盖留设若干通气孔。

③孵化介质。用沙、泥混合物，其中沙、泥比例为 3：1，沙粒直径小于 0.8 毫米，配黄泥较好，沙、泥湿度 5%~8%，手握成形，松开即散为宜；也可用蛭石，颗粒直径小于 1 毫米，湿度 5%~8%。沙泥保湿较好，蛭石透气较好，各有优点。

（2）亲龟培育

1）亲龟挑选。最好是选择捕获的野生亲龟，或从人工养殖成龟中挑选非近亲繁殖的作为种龟，雌、雄应分别从不同群体中挑选。个体要求体形匀称、健壮、无畸形；双眼有神，体表光洁，无伤病；四肢和头部伸缩自由，尾巴有力；7~8 龄龟，体重 1 000~1 500 克。

2）亲龟饲养。

①消毒。挑选好的亲龟在放养之前要用 3%~5% 的食盐水浸泡 10 分钟消毒，或用 20 毫克 / 升的高锰酸钾全池浸泡 15 分钟消毒；亲龟池消毒可用 20 毫克 / 升的高锰酸钾全池浸泡 3~4 小时，再用清水冲洗后排干，注入新水暂养备用，若新建龟池消毒后注满清水要养水 6 天左右再放入亲龟饲养较好。

②雌、雄比例与放养密度。雌、雄配比为 2：1 或 3：1；放养密度 2~3 只 / 米 ^{2} 为宜。

③投喂饵料。可选择新鲜的鱼、虾、贝、螺、蚯蚓、红虫、黄粉虫、蝇蛆以及植物、青草、菜叶、瓜果等，动植物饲料比例可定为 7：3。小型动物性饵料可直接投喂，较大的动物性饵料应切成

小块或用搅拌机搅成肉糜后投喂；植物性和瓜果类饵料切成小块投喂或加入动物性饵料搅拌肉糜后投喂。按"定时、定点、定量"三定原则投喂，以半小时之内吃完为宜。

④日常管理。一是定时巡池。每天早上、傍晚喂饵前后要巡视龟池，观察龟的活动及吃饵情况，如果发现龟有异常动静，要及时判断处理；繁殖交配季节，巡池时要注意亲龟的交配和产卵行为情况，同时要保持养殖环境安静，避免干扰、惊吓。二是清洗食台。每天投喂饵料后 2 小时要清洗食台，清除残饵，以防龟吃隔天变质的残饵得病。三是定期换水。龟池适时更换新水，尤其在高温天气应勤换水，换入新水的温差不能超过 3℃，同时清除池内污物和残饵，以保持水质清新。四是防晒防冻。夏季高温要做好防晒，防止龟类中暑；冬季要防寒，防止龟冻伤，水温最好不能低于 3℃。

（3）龟卵孵化

1）龟卵收集。繁殖季节，注意观察雌龟产卵行为，及时做好卵窝标记，产卵后即可收集；收集时手脚要轻，可轻轻拨开沙土，平取龟蛋，放在垫有湿润海绵或垫有细沙的托盆上，移到孵化房。

2）受精卵鉴别。卵产出 1~3 天后仔细观察，卵表面中间出现白斑点的是受精卵，没有白斑点的是未受精卵。

3）孵化。先在孵化箱内铺上一层厚度约 6 厘米干湿适中的混合沙土，再将受精卵平放在箱中，每个卵距离 2 厘米，然后在摆好的卵上面撒上厚约 3 厘米沙土覆盖，并盖上一层薄纱布或海绵。孵化期间温度控制在 28~32℃，适时洒水保持湿度，到 45 天即可将纱布揭去，龟卵经过 65~85 天孵化，稚龟即可孵出。稚龟破壳前夕，切勿翻动龟卵，尽量自然出壳，以免稚龟受到损伤。

（4）稚龟暂养与投喂

1）刚出壳稚龟要小心收集，放入光滑小盆里在温室暂养为宜，待 1~2 天稚龟脐带收敛完加入洁净水，水深 2~4 厘米。

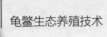

2）投喂。出壳后第 3 天可投喂红虫、蝇蛆或肉糜；投饵 0.5~1 小时后可清理残饵及换水，确保水质清新。

3. 饲养技术

一般来说，金钱龟要按不同年龄、不同规格分级、分池饲养为宜。

（1）稚龟的饲养管理

刚孵出的稚龟身体幼嫩，活动能力弱，要在室内小池中专门培育。池子不宜太大，一般 10~20 米 ^{2} 为宜，池底铺垫厚度为 10 厘米的细沙，池的四周铺设约占总面积 1/5 的陆地并成一定坡度，以便稚龟上岸休息。池水深 20~30 厘米，每平方米水池放养稚龟 20~30 只。若稚龟数量少，也可采用塑料大盆培育，盆中倒扣几块瓦片做饵台与休息台。培育稚龟主要投喂煮熟捣碎的蛋黄和小鱼虾肉等细嫩新鲜的高蛋白饵料，日投喂量为稚龟体重的 3% 左右。日常管理，每天早晚要巡视检查，观察稚龟的摄食与活动情况，并及时清除残饵。要保持池水清新，每隔 5 天左右更换 1 次池水。稚龟经越冬后可转入幼龟或成龟饲养阶段。放养密度视养殖量而定，池内可无规则地放置一些遮蔽物，模拟野外的自然环境，让金钱龟在安静舒适的状态下生长。金钱龟喜生活在水中，所以水质的好坏直接影响龟的健康，一般用无污染的井水、河水、湖水均可，自来水最好用经暴晒除过氯的水，在养殖过程中的换水次数和每次的换水量应视水质、水色和季节变化情况而定。

（2）幼龟和成龟的饲养管理

幼龟和成龟的饲养方法基本相同。饲养池用水泥池，幼龟放养密度一般以每平方米 30~50 只为宜。池周围也要设斜坡陆地供龟上岸晒背、休息与摄食，陆地上还要设假洞穴或若干个沙堆，供龟栖息。池水深 30 厘米左右，水中可放养一些水浮莲、水葫芦等，既可净化水质，又可供龟隐蔽或度夏。池外围要修筑"T"形防逃围墙，墙壁高度以龟不能逃出为准。每平方米水池可放养 50 克以下的幼龟 10 只左右，体重 100~250 克可放 4~6 只，亚成体龟和成龟可放 3~5 只。

①投喂。龟饵料以来源广泛的蚯蚓、鱼虾肉、禽畜内脏下脚料等动物性饵料为主，并以投喂鱼虾肉效果为好，因其蛋白质含量高、脂肪含量少，又容易消化吸收。日投喂量：幼龟为龟体重的 4%~8%，幼龟前期阶段可每天投喂 2 次，后期阶段每天投喂 1 次；成龟投喂量为龟体重的 3%~6%，每天投喂 1 次，或每 10 天只投喂 7~8 次，其中有 2~3 天不投饵，以防止雌龟个体长得太大和太肥胖，会影响雄龟交配，也会影响雌龟产卵数量。具体应根据季节、温度和龟的吃食情况灵活掌握，每天投饵以 1 小时内吃完为宜，若有剩余，则下次投饲可酌量减少，以免浪费和污染环境。

②巡池管理。金钱龟喜静怕噪，喜洁怕脏，喜生活在安静且水质清新的环境中，故培育池的水色以淡绿色为宜，透明度在 30 厘米左右，要每天巡视检查，注意水质变化，适时更换新水，保持良好的环境，促使金钱龟多食快长。

（3）越冬管理

1）稚龟的越冬。稚龟越冬以在室内自然越冬和加温越冬为宜。因稚龟个体小，体质较弱，对环境的适应能力较差，当气温降至 20℃时，要做好防冻工作。

①室内自然越冬。稚龟若在室内自然越冬，可在稚龟池（塑料箱、木箱）中铺一层厚度为 30 厘米左右的细沙，并向沙中适量喷水，保持沙子湿润。房屋门、窗封闭要好，以防止老鼠进入伤害稚龟。同时，室内气温应保持在 10℃以上，以免冻伤稚龟。若自然温度低于 10℃以下，可在养稚龟的塑料箱或木箱上方加装电灯泡适当加热增温，确保室内温度不低于 10℃。

② 室内温室越冬。室内气温（水温）控制在 26~30℃。加温方式有多种，可用地热（即在地板安装可控温发热电线）、电热棒、空调加温等，目前在广东有不少养殖大户采用地热加温，效果很好。室内加温，可正常饲养稚龟，投喂方法与越冬前一致。加温饲养稚龟，因池小、水浅、水温高，放养密度又较大，加上稚龟吃量大，排泄物多，池里水质极易恶化，造成水体缺氧，二氧化硫、氨、氮等有害气体增多，易引起稚龟中毒，也容易引起疾病发生。因此，要加强水质管理，如要勤换新水，常保持水质清新，减少不必要的损失。

2）幼龟和成龟的越冬。幼龟、成龟体质相比稚龟健壮，在南方一般可在室外龟池越冬，龟池水位在 50 厘米左右，池底铺上厚度为 25 厘米的细沙，也可在产卵池上面遮盖稻草等保暖材料，供龟在产卵池里越冬。若有不健康的龟最好在室内保温越冬。

（二）石金钱龟养殖技术

石金钱龟，淡水龟科，拟水龟属。分布于我国华中、华东、华南，以及越南、日本等地。

1. 生物学特性

（1）形态特征

石金钱龟头小，顶部平滑，上喙正中凹陷，鼓膜清晰，头侧眼后具两条浅黄色纵纹，喉部黄色。背甲扁平，中央嵴棱明显，后缘略呈锯齿状。背甲呈棕黄色或褐色，腹甲前缘平，后缘缺刻较深，腹甲呈黄色，每一块盾片外侧有大墨渍斑，甲桥明显，背腹甲间借韧带相连。四肢扁平，指、趾间具蹼指，趾末端具爪，尾细短。

石金钱龟分为南北两种。南种：体形较大，甲壳颜色偏棕黑色，底板全黑斑或大部分黑斑块，与金钱龟的黑斑底板很相近，所以广东、广西民间称之为石龟、石金钱龟。北种：体形较细小，甲壳颜色棕灰色，底板黑斑块较小，成无弧度的直排列，且前后黑斑之间多数不连贯。有些也逐渐退化成只有小点不明显的黑斑痕迹，或成完全无黑斑的"象牙板"。也有说法是，南种是指分布于广东、广西、海南和越南境内的石金钱龟，分布于北方各省的称为北种。

（2）生活习性

野外生活于河流、稻田及湖泊中，也常到附近的灌木及草丛中活动。喜食鱼、虾、螺、蚌、蜗牛等，也吃些果蔬等植物性食物。每年4—10月为繁殖期，6—8月是生长产卵旺季，多在水中交配，夜间产卵于岸边松软的沙中，一年产卵2次，每次2~8枚，11月中旬至翌年3月底为冬眠期。其生存水温为0~38℃，适宜温度20~30℃。

成龟性成熟一般要5年以上，体重450克以上。雄性的石金钱龟背甲较长，腹甲中央凹陷，尾较长，肛门离腹甲后缘较远。雌性的石金钱龟背甲宽短，腹甲平坦，尾短。选择种龟时，雌雄比例以3：1为佳。

2. 繁殖技术

（1）亲龟挑选和雌雄鉴别

石金钱龟的性成熟一般要4~5年。如果是野生的石金钱龟，雌性300克以上、雄性250克以上都可用作种龟。亲龟要选用健康、无伤、无病的个体。龟板、皮肤有光泽，头颈伸缩、转动自如，爬动时四肢有力，无外伤，身体饱满者可选用。雄性亲龟背甲较长，腹甲中央凹陷，尾较长，肛门离腹甲后缘较远。雌性亲龟背甲宽短，腹甲平坦，尾短。

（2）种龟饲养

种龟饲养是龟类繁育中极为重要的一环。加强管理是繁育的重要组成部分。

1）龟池建设。龟池为水泥结构，池底坡度约 25°。龟池分三部分，下部为水深 30 厘米左右的蓄水池；中部为喂饵及活动场；上部为铺放有细沙的产卵场。产卵场上有顶遮盖，用以遮阳及挡住雨水。水池放水浮莲，占池面的 1/4~1/3。活动场上可种植部分花草植物。种龟池上拉一遮阳布，营造阴凉、安静的环境。亲龟购进前要进行全面清池，常用药物为漂白粉和高锰酸钾。漂白粉用水溶解，浓度为 20 毫克 / 升，全池泼洒即可。高锰酸钾浓度为 15 毫克 / 升，全池泼洒。种龟消毒常用的方法是药浴法。高锰酸钾的药浴浓度为 15 毫克 / 升，浸泡 30 分钟。

2）放养与管理。种龟雌雄比例以 2 ：1 为佳。放养密度为 3~5 只 / 米^2。新购进的亲龟，因生存环境的突然改变，不会立即取食，一般在 3 天后才开始诱食。饵料以动物鲜活料如小鱼、虾或家禽、家畜的内脏为主，配以部分蔬果如苹果、蕉类、嫩菜等。当温度超过 15℃时，亲龟开始摄食。20℃以上时，取食转入正常。此时已进入雌龟生殖腺发育的关键时期。按"定时、定位、定质、定量"四定原则投喂，投喂量以龟吃剩一点点为准。气温在 25℃以下，每天投喂 1 次，投喂时间以下午 3：00 为佳；气温在 26℃以上，每天投喂 2 次，分别是上午 7：00，下午 6：00。

（3）产卵与孵化

1）产卵前准备。4 月中旬左右，应做好产卵前的准备工作，清除产卵场的杂草、树枝、烂叶，将板结的沙地翻松整平。产卵场周围种植一些遮阳植物或花卉，使龟有一个安静、隐蔽、近似自然的产卵环境。孵化房用福尔马林溶液加热熏蒸消毒，孵化用沙可用药水浸泡消毒后，清洗干净，然后在太阳下暴晒或烘干。采用的孵化用沙最好直径在 0.6 厘米左右，太小通气性能差，容易板结，造成卵缺氧而使胚胎死亡；太大保水效果不好，含水量不易控制。产卵场和孵化房均要防止鼠、蛇、猫等动物进入。

2）龟卵采集。在繁殖季节，晚上注意观察，留意龟扒穴的地点，以便采卵。雌龟产完卵后，会留下痕迹。在产卵点，即在直径 15~20 厘米的圆形区域，会有沙土翻新的痕迹，同时有龟走动时留下的足迹。用手轻轻将上层的沙扒开，如果见到龟卵，小心取出或先用竹签做好标记，过 1~2 天后再收集。收卵时，首先将收到的受精卵放在预先准备的塑料盆内，盆内放有孵化用沙，沙的厚度在 2.5 厘米以上，沙中含 5%~10% 的水分，将卵插入沙中。收卵时动作要轻，否则易挤破受精卵，造成损失。另外，收卵时间最好在清晨，切忌在温度最高、太阳最猛时收卵。产卵场每天喷水 1 次，每周要全面翻沙 1 次，将没有被发现、遗漏的卵检出。

3）龟卵孵化。以泡沫箱或木箱作孵化器进行人工孵化，泡沫箱箱壁需钻孔透气。箱内铺设厚度为 10 厘米的沙子，埋蛋深度 3~4 厘米。沙的湿度为 5%~10%，以手握沙成形，落地即散为准。卵放置好后，应插一标签，注明日期、数量。孵化期间，温度维持在 25~32℃。定时对沙喷水，室内相对湿度保持在 80%~93%。室内保持通风、有充足的光照。

龟卵产出后 2 天，即可分辨是否受精。优质受精卵特征明显：卵中央有显眼的白点或白斑，卵壳光滑。凡卵中央无白点，或白点不明显、色泽暗淡的，均不能进行孵化。

石金钱龟的孵化适宜温度为 25~32℃。不同的孵化介质，其孵化期长短不一，一般为 66~82 天。不同的孵化介质也影响孵化率高低，孵化率高的可达 90% 以上。据报道，孵化温度在 25℃时，雄性子代占优势，雄性率为 23.7%，在 33℃时，雌性子代占优势，雌性率为 94.7%。

3. 饲养技术

（1）稚龟的饲养管理

1）稚龟的暂养。稚龟在每年的 8、9 月孵出，刚孵出的稚龟应放入专门的盆中，盆中盛有湿沙，用一层黑色的湿布盖着稚龟。一般需 2~3 天稚龟的卵黄才会吸收干净，这个阶段不需喂食。稚龟卵黄吸收干净后就可转放入大胶盆中暂养。移入胶盆时，稚龟要用 1 毫克 / 升的高锰酸钾溶液浸泡消毒。0.2 米 ^{2} 的胶盆可放养 45 只稚龟，盆中水位以刚满龟背为好，每天换水 1 次。开始一个星期用熟鸡蛋黄、鸭蛋黄或碎猪肝饲喂，一星期后可改用碎鱼肉或鳗料饲喂。投饲量以稚龟吃剩一点为准。喂食宜在上午和傍晚进行。稚龟转食鱼肉后不久就可转入稚龟池饲养。

2）稚龟池的建设。稚龟池主要用于培育稚龟及幼龟，一般为水泥结构，池底具坡度使之 3/4 为水池，水深 20~40 厘米，1/4 为陆地。龟池上方宜拉遮光布遮阳。水池中宜放些水浮莲，约占水面的 1/3。陆地为活动场和食台，是龟摄取食物及活动的地方。稚龟池从 5 米 ^{2} 到 50 米 ^{2} 均可，稚龟池的大小可以因地制宜或视生产规模而定。池内要搞好进、排水系统，进、排水口要设防逃栅栏，有条件的还可在池上罩铁丝网以防蛇、鼠、鸟、猫等敌害生物的侵袭。稚龟进入之前，龟池要彻底消毒，一般用 15 毫克 / 升的高锰酸钾浸泡全池，冲洗干净后回水即可放养稚龟。

3）稚龟的饲养。稚龟入池前要用 1 毫克 / 升高锰酸钾溶液或 5% 的盐水浸泡消毒 10 分钟左右。放养密度以 80~100 只 / 米 ^{2} 为宜。以动物性饵料如鱼、虾、螺、畜禽内脏等为主，植物性的瓜果、蔬菜及谷物等为辅，也可喂食蛋白质含量在 40% 左右的配合饲料。日投喂量一般为稚龟龟体重的 8%~10%，以吃剩一点为好。分早、晚两次投喂，剩饵要及时清除。稚龟池水不宜太深，一般

为 30~40 厘米。养殖过程中视水质状况定期换水，一般 2~4 天换水
1 次。8 月底孵出的稚龟，饲以杂鱼肉，经 3 个月养殖，平均个体
重可达 40 克以上。一般而言，孵出时个体大的稚龟，其生长也较
快；个体小的生长较慢，越往后差距越大。

（2）幼龟和成龟的饲养管理

1）幼龟的饲养。稚龟的培育过冬后，当室外温度达到 20℃以
上，水温 15℃以上时，转入幼龟的培育阶段。幼龟的放养密度为 2
龄 30~50 只 / 米^2、3 龄 20~30 只 / 米^2，入池时用 10 毫克 / 升的高锰
酸钾浸浴 5 分钟，进行体表消毒。幼龟饲养池面积一般为 2~4 米^2，
陆地面积占 60%，水深为 15~30 厘米。幼龟培育的方法与稚龟期培
育方法相同。值得一提的是，稚、幼龟都喜欢新鲜肉类饵料，较少
或不食植物饵料，因此在稚、幼龟饵料中应添加一些微量元素等物
质，保证营养的均衡。

2）成龟的饲养。成龟的养殖方式可分为单养和混养。养殖方
式不同，饲养池的要求也不同。一般单养使用水泥池，混养则使用
池塘。

①水泥池单养。水泥池的面积可因地制宜或以生产规模而定，
一般以 50~100 米^2 为宜。池深 1 米，水深 40~50 厘米。池可建成
长条形，一边为水池占 3/4，一边为陆地占 1/4。陆地从常年水位线
处以 30º 倾斜与水池相接，便于龟上陆地活动及摄食。食台就设在
陆地上。陆地上应有高 50 厘米的防逃墙。池内要做好进、排水系
统，进、排水口要设防逃栅栏。在盛夏，宜在水池上拉一遮光布遮
阳，降低温度。水池放些水浮莲。

②养殖管理。开春后，当水温稳定在 15℃以上时可放养 50 克
以上的幼龟。单养的水池其放养密度可控制在 2~3 千克 / 米^2，即 50
克左右的龟种放 40~60 只 / 米^2，500 克左右的龟放 4~6 只 / 米^2。龟
鱼混养的池塘放养密度可控制在 250~350 千克 / 亩，小龟可少放，

大龟可多放。如 50 克左右的龟种可放 7~8 只 / 米 ^{2}，100 克左右的可放 4~5 只 / 米 ^{2}。

喂食主要以动物性饵料为主，适当搭配些植物性饵料，如菜、豆饼、瓜果、西红柿等，也可直接投喂人工配合饲料。开春后，龟开口摄食时，每天早晚各 1 次，投喂量占龟体重的 5%~8%。以后几个月随着温度升高可加大投饲量，入秋至白露前，改为每天 1 次，投喂量占龟体重的 5%~10%。每 50~100 米 ^{2} 设 1 个饲料台，喂料应遵循四定原则。

保持龟池水质清新，定期消毒池及龟。池边可搭棚，种植遮阳植物，如冬瓜、南瓜、丝瓜、豆角等。定时巡塘，观察龟摄食、活动、生长情况，发现有龟呆滞和不摄食等异常现象，单独检查并分隔饲养，避免疾病的传染。另外，还要在池四周做好防逃设施，防止龟逃跑和敌害生物侵袭。

（3）越冬管理

1）稚龟的越冬。当水温下降到 15℃时，就要准备稚龟越冬。目前越冬的方式主要有自然越冬与温室越冬两种。

①自然越冬。越冬池应选择在阳光充足、避风向阳、环境安静的地方。越冬前要对池及龟用高锰酸钾溶液进行消毒。水池内可以放入一些泥沙，让龟掘穴冬眠。水池水位保持恒定，上面放些水浮莲，占水面 1/3。如果气温太低，可在水池上方覆盖薄膜保温。

②温室越冬。因为后期孵出的稚龟体质软弱，易在自然越冬时出现死亡。因此多采取温室越冬，水温保持在 28~30℃。加温的方式有多种，如温泉水或工厂余热水加温、锅炉加温、电加温等。若是温泉水或工厂余热水加温，应经水质化验确认无毒后采取对水调温方式加温，否则应通过管道加温。电加温一般为电热器直接加温池水。锅炉加温多为循环管道式加温。用哪种加温方式，依各自的条件和能力而定。加温饲养期间，正常投喂，投喂方法和管理方法

与过冬前一致。

2）幼龟和成龟的越冬。此时龟的肥满度较高、体质较好，可以选择室外冬眠小池，池水深 30 厘米，池子铺厚度为 25 厘米左右的细沙，沙子要湿润。在北方较为寒冷的天气，池子上面应覆盖塑料薄膜，上面再堆放茅草等保暖材料。每隔 7~10 天将手伸进茅草中检查龟的健康及干湿情况，不健康的龟要立刻拿入室内。冬眠后期遇到晴朗、暖和的天气要及时揭开茅草观察情况，晚上再盖上。随着气温升高，可逐渐减少茅草的厚度。

（三）黄缘闭壳龟养殖技术

黄缘闭壳龟，俗名海南闭壳龟、花背箱龟，淡水龟科，盒龟属。主要分布在安徽、河南、湖北和日本等地区。

1. 生物学特性

（1）形态特征

黄缘闭壳龟头部光滑，侧面是黄色或黄绿色，头顶是橄榄绿色或棕色。吻前端平，上喙有明显勾曲。额顶两侧自眼往后各有 1 条亮黄色纵纹，由细变粗一直延伸到颈部，左右条纹在头顶部相遇后连接形成黄色"U"形线。背甲呈圆形，中央高隆并具淡黄色嵴棱，胸腹盾之间具韧带，前后可完全闭合，四肢上鳞片发达，爪前五后四，有不发达的蹼。腹甲与背甲能紧密地合上，故名为"黄缘闭壳龟"。

（2）生活习性

黄缘闭壳龟喜暗光，厌强光。在人工饲养条件下，4—5 月和9—11 月气温达 18~25℃时，龟早晚活动较少，中午活动较多；8月气温 25~34℃时，以傍晚、夜间与清晨活动为主，白天隐藏在洞穴、树木或沙土中。因此，人工养殖时，应在活动场所设置遮光物作为龟巢。黄缘闭壳龟为杂食性，野生龟的食物是以植物茎、昆虫及蠕虫等为主，如天牛、蜈蚣、壁虎。在人工饲养条件下，可喂食番茄、葡萄、西瓜、南瓜、蚯蚓、鱼肉、虾肉、家禽内脏等，尤其喜食动物性饵料和糖分较高的瓜果。黄缘闭壳龟5—9月为产卵期，每次产卵1~4枚，可分批产卵。

2. 繁殖技术

（1）亲龟鉴别

黄缘闭壳龟体重达150克时能分辨雌雄。野生雄龟个体重约280克，野生雌龟约450克时性成熟。一般人工养殖的比野生种性成熟时间提前一两年，人工饲养状态下，营养与环境相对稳定，性腺发育时间提前，一般约5年可性成熟。鉴别雌雄的方法有两种：一是雄性黄缘闭壳龟的背部拱起较高，顶部尖，腹甲后缘略尖，尾长，泄殖腔孔距尾基部较远；雌性龟的背部拱起较小，但顶部钝，腹甲后缘略呈半圆形，尾粗短，泄殖腔孔距尾基部较近。二是用手将龟的腹部朝上，将龟的四肢、头顶触缩入壳内，将龟的尾部摆直，若是雄性龟，用手指轻轻挤压四肢、头顶，则可看到交接器从泄殖腔孔内翻出，呈黑色伞状。而雌性的泄殖腔孔内仅排出泡泡或稀黏液。

（2）亲龟饲养

在进入亲龟池前，对挑选的健康亲龟用浓度为10毫克/升的高锰酸钾溶液浸泡种龟，消毒15~20分钟。由于种龟的精子在雌龟体内能存活半年以上，且仍能使龟卵受精，故雄龟可适当少养，一般雌雄比例为2：1或3：1。种龟的性成熟时间、年产卵次数、卵数量多少、卵质量好坏，在很大程度上取决于饵料条件，所以在饲养过程中，首先要充分满足种龟的营养需要。小鱼、虾、泥鳅、蚯蚓、螺蛳、河蚌、黄粉虫、动物内脏及蚕蛹、豆饼、麦麸、玉米、西红柿等，都是黄缘闭壳龟爱吃的食物。另外，在食物里添加复合维生素和钙粉。投喂时要遵循四定原则。同时，以投喂动物性饵料为主，在进入生殖发育期，动、植物性的饵料比约为7∶3。在日常管理中要保持池水清洁，每天定时清理饲料台，把残饵清除干净。一般种龟在傍晚和清早出来活动并觅食，所以，需要早晚2次观察种龟的活动情况，防止其逃跑和生物敌害侵袭。在产卵季节，尽量减少行人、车辆等外界干扰，给种龟创造一个安静的产卵环境，同时定期在饵料中加一些土霉素、呋喃唑酮等预防肠炎。

（3）亲龟交配

4月中旬至10月底为交配期，一般发生在春季和秋季以及盛夏的雨后。交配季节，成熟的雄龟显得异常活跃，争强好斗，雄龟之间常有咬架现象发生；或者雄龟不停地向雌龟进行求偶，围绕雌龟不停地爬行；或用嘴咬住雌龟的盾缘左右、前后摆动，有时还发出吱吱之声；或者爬到雌龟背上强行进行交配，然而这种交配或求偶行为常以雌龟无反应而失败，于是雄龟会继续追逐其他雌龟。因此，雄龟在交配季节，活动量及活动时间显著增加，而觅食时间缩短，摄食量减少，体质下降，免疫力低，易感染疾病，死亡率上升。

雄龟求偶的典型方式就是在雌龟面前颤动头部，随后用头部顶雌龟的腹甲下部或者喷鼻涕。如果雌龟不配合，则会用力咬雌龟的颈盾，咬住后左右晃头。不少雌龟颈盾左右两边的老伤就是这么形成的。当雌龟被降服之后，则会伸直前爪，露出臀部，雄龟此时则会伺机转向后部交配。一般交尾时间在10分钟左右。

（4）产卵与孵化

黄缘闭壳龟5—9月为产卵期，每次产卵1~4枚，可分批产卵。卵白色，长椭圆形，多数卵重11~18克，卵长39.1~50毫米，直径

为 20.2~27.5 毫米，平均卵长 43.5 毫米，平均卵直径 22.7 毫米。在雌龟卵巢中，一般有成熟卵 1~4 枚，未发育成熟的卵 4~9 枚。黄缘闭壳龟的怀卵量一般为 4~9 枚，卵的大小与龟的个体重成正比。产卵多在凌晨和傍晚，产卵的地点选择在安静、潮湿且向阳有沙土的地方，也有些龟因找不到合适的地方，将卵产在草堆、水盆及沙土上。龟有吃卵的现象，所以应注意及时收卵。

雌龟在产卵池挖洞穴需要 10~15 分钟，挖洞使用后肢，洞穴深度有差异，体重越大的洞穴越深，一般深度在 5 厘米之内，直径 6~7 厘米，挖好洞穴之后，平均每枚卵产出需要 2 分钟，时间主要是花费在把卵从输卵管排到产道，产卵是瞬间的事。一窝产 3~4 枚卵最多也就在 10 分钟内。产完卵后，龟会用后肢将洞穴周边的土埋入洞穴中，直至填平洞穴，一般需要约 10 分钟。

注意要尽可能让产卵的黄缘闭壳龟处于安静的环境中。如果此时受到惊吓，可能会造成雌龟停止产卵，从而引起难产的情况。龟卵产出后，及时将卵小心地从产卵床中取出，避免震动、翻动龟卵，观察龟卵有无受精斑或受精环带出现，然后将卵按产出时间的先后标记好，并整齐地放置在集卵箱中。受精环带最早形成于卵产出后 8~12 小时。对未出现受精环带的卵，最好分别于产出后的第 72 小时和第 96 小时各检查 1 次。产出后第 96 小时仍未出现受精环带的卵作为未受精卵处理，将受精良好的卵挑出，放入孵化箱中孵化。

准备若干个不同规格的木箱或泡沫箱（具体规格看卵的数量而定），箱底层铺 5~10 厘米蛭石，以便保湿、保水，蛭石的透气性好，孵化前不用消毒。将受精卵依次排放在孵化箱内，放置时动物极朝上（即有白点端朝上），放置受精卵时要做到轻拿轻放，卵之间的枚距和行距为 2 厘米 ×3 厘米，卵放好后上面再铺盖一层厚度为 3 厘米的蛭石，温度控制在 26~32℃，湿度控制在 75%~90%，以手握蛭石放松即散为宜。日常管理：平时适时给孵化基质喷水，保持孵化基质的温度、湿度相对稳定，保持温度在 26~32℃，孵化温度达到 33℃时，对胚胎发育不利。前期湿度保持在 90% 左右，中期湿度在 80%~90%，末期湿度保持在 75%，并及时淘汰坏卵（发霉的、发出异味的）。孵化房内空气温度尽量控制在 26~30℃，夏季温度超过 32℃时要开窗通风。

3. 饲养技术

（1）稚龟的饲养管理

刚出壳的稚龟腹甲中央有一圆形卵黄囊，需 1 个星期后才能消失。出壳前 2 天，先让其转养在干燥的小塑料盆里，里面放上干净的湿布。稚龟的暂养箱可用水族箱、玻璃缸或塑料箱代替。暂养箱保持 10º 的倾斜，里面放少许水，温度保持在 25~30℃。刚出壳的稚龟，头 2 天不摄食，靠自身卵黄提供营养。2 天后可投喂水蚤、水蚯蚓，再逐渐投喂切碎的鱼、虾、动物内脏等。及时分池饲养，将规格大小一致的稚龟养在同一池中，以免因规格相差悬殊而影响生长。保持水质清洁及环境安静，每个暂养箱可用尼龙网覆盖，以防止老鼠、蚊子等敌害生物的侵袭。

（2）幼龟和成龟的饲养管理

稚龟经过冬眠后，到了第二年的 4 月上旬，气温上升到 15℃即转入幼龟的饲养阶段。按不同规格分级饲养，将个体大小基本一致的龟放到同一个池内饲养。

1）幼龟的饲养。

①放养密度。放养密度一般 2 龄龟 30~50 只 / 米^2，3 龄龟 20~30 只 / 米^2；入池时用 10 毫克 / 升的高锰酸钾溶液浸泡 5 分钟消毒。幼龟饲养池面积一般为 2~4 米^2，陆地面积占 70%，深水区水深不能超过 5 厘米，以免幼龟呛水，造成不必要的损失。

②投喂饵料。幼龟的动物性饵料和植物性饵料以 7：3 或 8：2 混合喂养，也可投喂人工配合饲料，其蛋白质含量应高于 40%。投喂的饵料应新鲜适口，动物性饵料的日投喂量为幼龟总体重的 5%~8%，配合饲料一般在 2% 左右，较小型的动物性饵料如蚯蚓、蝇蛆、蚕蛹等，可直接投放到食台上，较大型的动物性饵料，如鱼、河蚌肉、畜禽内脏等，应充分剁碎或用机械绞碎，并可与其他粉状植物性饵料拌匀，同时加入少量土霉素混合后投喂。一般每天早晚投喂 2 次，时间为早上 9：00 和傍晚 5：00。在气温偏低及非摄食旺季时，可每天傍晚投喂 1 次，投喂量以 3 小时后吃完为准。50 克以下的幼龟还应在饵料里增加少许钙料，以防骨质软化症。

③日常管理。黄缘闭壳龟虽然是半水栖龟，但是，室外幼龟水泥池水体小，水质易变，特别是夏季，水体污染快，因此应每 7~10 天加注 1 次新水，保持水质清新。如果是在室内不锈钢池或大盆里饲养，则在投喂饵料 3 小时后换水冲洗。高温酷暑季节要注意在室外池的上方搭遮阳棚，防止太阳直射而水温骤然升高，危及幼龟生命。越冬时可搭架设置塑料薄膜，保持越冬池内的适宜温度。在日常饲养过程中，要注意观察环境温度变化，最好设立饲养记录本，以便随时掌握龟的生活规律和对温度以及饵料的要求，积累经验及资料。

2）成龟的饲养。成龟一般在露天水泥池或池塘里饲养。养殖池的环境设计以自然、生态、科学为主，尽量提供一个适宜龟生长与繁殖的场所。

①消毒。放养前，对养龟池、养殖工具和龟都要进行严格消毒。养龟池底一般用生石灰彻底消毒，池水用二氧化氯消毒，工具用高锰酸钾消毒。

②放养密度。成龟的放养密度为 3~5 只 / 米²，水泥池可 5~

8 只 / 米，技术水平和养殖条件好的，可以适量提高养殖密度。一次放足，以减少中间分养环节和对龟的干扰。

③投喂饵料。喂食主要以动物性饵料为主，如畜禽内脏、瘦猪肉、牛肉、小鱼、虾、螺、蚌、黄粉虫及蚕蛹等，并适当搭配些植物性饵料，如菜、豆饼、瓜果、玉米、高粱、西红柿等，也可直接投喂人工配合饲料。投喂时应根据季节水温情况而变化，夏季应当投喂蛋白质含量高的饲料，秋后水温低，应多投喂脂肪多的饲料。开春后，龟开口摄食时，每天早晚各投喂 1 次，投喂量占龟体重的 5%~8%。以后几个月随着温度升高可加大投喂量，入秋至白露前，改为每天 1 次，投喂量占龟体重的 5%~10%，每次投喂后以 2 小时刚好吃完饵料为宜，喂料应遵循四定原则。

④日常管理。一是定时换注新水，保持龟池水质清新；二是定期消毒龟池及龟，以防生病，一般每月用浓度 3 毫克 / 升高锰酸钾溶液消毒；三是定时巡塘，主要观察龟摄食、活动、生长情况，发现有龟呆滞和不摄食等异常现象，单独检查并分隔饲养，避免疾病的传染。另外，还要在池四周做好防逃设施，防止龟逃跑和敌害生物侵袭。夏季高温，池边可临时搭棚防晒，池四周可栽种遮阳植物，如丝瓜、豆角等。

日常饲养中，要注意观察环境温度变化，最好建立饲养记录本，以积累资料，掌握龟的生活规律和对温度以及饵料的要求。初春、深秋季节换水，应注意水的温差一般不宜高于 3~4℃，换水最好在喂食前进行。

每年 11 月初，随着气温下降，龟逐渐进入冬眠，这时应在饲养缸内铺垫厚度为 10~15 厘米的潮湿沙土，置于室内朝阳处，使其自然冬眠。翌年 3 月下旬，温度回升到 18~19℃时，龟开始进食，初次喂食应少而精，喂食后环境温度不得低于 15℃，否则将引起消化不良等问题。随着温度的逐渐升高与稳定，可相应增加饵料的投

放量，增强龟体质，提高免疫能力。

（3）越冬管理

11月至翌年3月为冬眠期。当温度为19℃时，龟停食；当气温下降到10℃左右，龟进入冬眠。冬眠时，龟喜躲在洞穴、树枝堆或在较厚的枯萎草层下，且大多在向阳、背风处。当气温在13℃时，龟又苏醒。冬眠期间，龟的平均体重会下降1%~3%。

①稚龟越冬。因当年稚龟对环境的适应能力差，在自然温度降到20℃时，就要准备越冬防冻工作。主要在室内木箱、塑料箱中自然越冬，木箱、塑料箱中铺一层厚30厘米左右的细沙，经常向沙中喷水，保持沙子潮湿。同时室内封闭要好，防止老鼠进入，并使室内温度保持在10℃以上。室内自然越冬也可以选择15克以上健康的稚龟在潮湿的苔藓中越冬，苔藓厚度为10厘米，适当喷水，保持苔藓潮湿即可。建议稚龟在室内加温越冬，温度保持在26~30℃，照常投喂饵料，成活率在90%左右。

②刚购入的野生成龟越冬。未经驯养的野生龟由于转手次数多，长时间未进食，运输过程受到惊吓，体质较差，成活率相对较低，所以其越冬管理尤其关键。尽量选择室内加温过冬，并提供优质的饵料，保持环境卫生、安静，室内温度保持在26~30℃，湿度在65%以上。

③幼龟和成龟的越冬。幼龟、成龟由于精心照料，其肥满度较高、体质较好，可以选择室外冬眠小池，池子铺厚20厘米左右的细沙，沙子要湿润，沙子上面放柔软湿润的茅草，每隔7~10天将手伸进茅草中检查龟的健康及干湿情况，不健康的龟要立刻拿入室内。冬眠后期遇到晴朗、暖和的天气要及时揭开茅草观察情况，晚上再盖上。随着气温升高，可逐渐减少茅草的厚度。

（四）黑颈乌龟养殖技术

黑颈乌龟，俗名广东乌龟、红颈乌龟、臭龟，淡水龟科，乌龟属。主要分布中国广东、广西，国外分布于越南。黑颈乌龟具有较高的药用、食用价值，是近年名龟类最热门养殖品种之一。

1. 生物学特性

（1）形态特征

头部黑色，侧面有黄绿色条纹。体形较大，背甲黑色，椭圆形，具一明显的纵行嵴棱，无侧棱。成体腹甲土黄色，具有黑色斑纹。每块盾片边缘均有不规则的棕褐色斑纹。甲桥部棕褐、黑褐或棕灰色，与腹甲颜色明显不同。四肢黑色无条纹，指、趾间具蹼。尾黑色且短。

（2）生活习性

属于水栖类龟，生活于丛林、山塘、河流等地方。黑颈乌龟为杂食性，温度20℃以上能正常捕食。适宜温度为25~32℃，15℃左右进入冬眠。通常6~8年达到性成熟。在广东，黑颈乌龟每年5—9月为产卵期，每年可产2~3窝，每窝8~9枚，最多12枚。卵白色，硬壳，长椭圆形，卵重6~18克。

2. 繁殖技术

（1）亲龟饲养

亲龟培育的好坏，直接关系到龟的正常交配、受精率、产卵量和孵化率，因此，亲龟饲养和管理环节十分关键。

①亲龟挑选。挑选个体要求体形匀称、健壮、无畸形；双眼有神，体表光洁，无伤病；四肢和头部伸缩自由，尾巴有力；5~6

龄龟。

②雌雄比例和放养密度。雌雄比例一般为 2 : 1，放养密度为 3~5 只 / 米²。

③饲养管理。饵料以动物性为主，植物性为辅，二者比例约 7 : 3，如鱼、虾、瘦猪肉以及南瓜、菜叶等。日投喂量为亲龟体重的 5% 左右，具体还要根据气温情况和亲龟摄食状况灵活把握，如气温适宜时龟摄食量大，应适量多投；天气突变，气温下降较低时，应少投；如上一次投饵后 1 小时未吃完，有剩余，则在下一次投饵时适量减少。每天投喂 1 次，投喂时间可在上午 9：00 左右。水质良好是养好亲龟的先决条件之一，因此，调节好池中的水质也是饲养管理的关键环节，要每天巡池，定期换注新水，保持水质清新。注入新水温差不能超过 3℃，以免亲龟感冒发病。

（2）产卵和孵化管理

①产卵期间管理。每年 5—9 月为黑颈乌龟产卵期，产卵时间多在夜间，集中在凌晨。产卵期间，龟池环境应保持安静，同时要注意防敌害，如老鼠、家禽、水鸟和蛇等掠食龟卵。受精卵收集一般在早上进行。细心观察产卵场上会发现有一堆一堆的新土，此为亲龟掘穴产卵后留下的痕迹，轻轻挖掉卵窝上的沙土，便可看见龟卵，及时收集。收集卵时动作要轻、稳，避免卵震动、碰撞和摔破。

②孵化管理。黑颈乌龟卵的孵化技术与名龟类孵化技术基本一样，可参照上述金钱龟孵化技术，在这里就不详述了。孵化期间主要是调控好温度和湿度即可，并避免翻动受精卵（除特殊情况外），以防受精卵坏死。孵化温度控制在 26~32℃，湿度控制在 30%~37%，方法是隔天用喷雾器向孵化床上沙土喷 1 次（1~2 秒）凉开水则可。一般经过 60~75 天的孵化，稚龟将破壳而出。每个孵化床上放置的受精卵要标记日期及孵化记录，以便计算出稚龟出壳

时间，为稚龟准备好培养池和稚龟饵料等工作。

3. 饲养技术

（1）稚龟的饲养管理

稚龟饲养宜用小盆或小池（如塑料盆、塑料箱等），最好在室内饲养，有利于管理。若用小池饲养，其面积以 1~2 米^2 为宜，水深 8~15 厘米，池壁高度 20~25 厘米。

①放养密度。10 克以下的稚龟放养 100 只 / 米^2，10~15 克的稚龟放养 80 只 / 米^2，20~45 克放养约 50 只 / 米^2。

②饲养管理。一是按大小分级、分池饲养。逐渐长大后会出现相互争食的现象，若不分级养，会造成稚龟争斗损伤和生长不均。因此，稚龟阶段有必要进行分级、分池饲养。一般可按稚龟 10~15 克为一级，20~30 克为一级，35~45 克为一级。二是定时和定量投喂。稚龟因生长快，每天可投喂 2 次，可在上午 8：00 和下午 5：00 或傍晚投喂。投喂量一般以投饵半小时吃完饵料为准或前期半个月按稚龟体重的 8%，后期半个月按稚龟体重的 12% 投喂。三是勤换清水。稚龟摄食量大，排泄物增多，易污染水质，会影响龟的生长。一般投饵 1 小时后进行更换新水，注意加入新水的水温与原龟池水温不能相差超过 3℃，并清除残饵，防止污染池水，以保持水质清新。四是要调控好温度。稚龟最佳生长温度为 25~30℃，其运动活跃，摄食量大，生长迅速，增重最快，出壳 8~13 克的稚龟经一个月时间饲养一般能增重 35% 左右。进入 10 月后，应及时对养龟池加温，将水温调控在稚龟最适宜温度 26~30℃。

（2）幼龟和成龟的饲养管理

1）幼龟的饲养。可用水泥池饲养，但目前广东饲养的幼龟池多采用不锈钢、铝合金或玻璃材质建造，呈长方形，可建成 3~5 层结构，每层高差 15 厘米，每层可设计多个并联且面积相同的龟池，每个龟池面积不宜太大，一般为 1~1.5 米^2，池深 30~40 厘米，水深 10~20 厘米。每个幼龟池设置进、排水系统，注意出水口要安装栅栏，以防幼龟跟随排水时逃跑。

①放养密度。幼龟放养密度一般 20~30 只 / 米^2，不能太密，以防相互咬伤。幼龟放池之前可用 3% 的食盐水浸泡 8~10 分钟进行消毒，并剔除体弱有伤病龟后再放入养龟池中，池水深度调到高出龟背 3 厘米为宜。

②幼龟投喂。幼龟正处在快速生长期，对营养需求较多，每天可投喂 2 次，日投喂量应占龟体重的 5%~10%，每次投喂量以投喂后 2 小时略有剩余为准，饲料蛋白质含量应在 35%~40%，以动物性饵料为主，如鱼、虾、螺、蚌肉、面包虫、蚯蚓、瘦猪肉等，植物性饵料为辅，可喂一些菜叶、南瓜等。幼龟吃量大，排泄多，易污染池水，因此要常换水，保持水质清新，以免龟生病。

2）成龟的饲养。一般采取水泥池饲养，池的面积一般在 5~30 米^2。龟池建设分为水池、陆地、产蛋池 3 个区域。水池与陆地相连要有斜坡，水池区域呈中间深四周浅的锅状。设置有排水孔和溢水口。产蛋池一般设置于外围，靠近走道的地方。水面与产蛋池坡度一般为 25º~30º 为宜。

①养殖环境。以自然、生态为主，尽量提供一个适宜生长和繁殖的环境，这是健康养殖的关键。龟池一般为长方形，坐北朝南，采光效果要好，因为黑颈乌龟有喜欢晒太阳的习性。养殖黑颈乌龟，水源以井水、山泉水和天然无污染的江河水为佳。水质的好坏关系着龟的健康生长，但在现实的养殖环境中，养殖户所用的水源基本上是自来水，农村养殖条件较好的尽量用井水。不论是自来水还是井水，都可以直接引进注入龟池。

②调节水质。养殖池水色呈淡绿色为好，在养殖过程中，视水质情况进行换水或加水来调节水质，也可以使用有益菌制剂来调

节。应防止水质的老化、恶化。每天应巡池，观察水色，发现问题，及时采取相应的措施。

③投喂。黑颈乌龟可以天天投喂，每天傍晚 6：00 左右在固定点投喂，投喂量一般为龟体重的 5% 左右，因黑颈乌龟的产蛋较多，营养要足，这就是黑颈乌龟和其他龟的最大的不同之处。

④日常管理。池塘养殖、室外水泥池养殖、楼顶层的养殖管理基本相同。主要是做好训池、投喂、水质调节、病害防治等工作，同时也要做好防盗工作，有条件的养殖户应对水质做常规检测 pH、硬度、铵态和硫化物等，并可根据检测结果及时换水，防病治病，达到安全养殖的目的。

（3）越冬管理

在高温的夏季，室外龟也可以不搭凉棚遮阴，当气温降到 20℃ 左右时，就要做好越冬前的准备工作。在进入冬眠前的 1~2 周，停止投喂，尽量让其排空肠道，有利于龟的安全过冬，防止肠胃病的发生，池水的深度也要保持在 30 厘米以上。长期的养殖实践证明做好疾病的预防工作，保持生态自然养殖，是保证龟健康的措施。

（五）安南龟养殖技术

安南龟，俗名越南龟，地龟科，拟水龟属。主要分布在越南中部地区。越南已将其列为一类保护动物，跟中国的熊猫同一个等级。

1. 生物学特性

（1）形态特征

该龟从外形上看与石金钱龟极相似，安南龟的特征为：头顶呈深橄榄色，前部边缘有淡色条纹，一直伸至眼后，侧部有黄色纵条纹，颈部具有橘红色或深黄纵条纹。背甲黑褐色，腹甲黄色且每块盾片上均有大黑斑纹。四肢灰褐色。指、趾间具蹼。

（2）生活习性

自然条件下栖息在沼泽地和缓流的河川、小溪。人工饲养时喜群居，有爬背习惯，自下而上、由小到大排列。安南龟为杂食性。人工饲养时，可喂食菜叶、水果、南瓜、鱼肉、虾肉、蚯蚓、动物内脏等。每年11月至翌年3月，温度低于10℃时，进入完全冬眠期。龟的性成熟年龄为4~5龄，野生龟体重400克以上，可做亲龟。自然性别比为1：1。6—7月为产卵旺季，年产卵1~2次，每次2~8枚。

2. 繁殖技术

亲龟鉴别及亲龟饲养管理可参考石金钱龟和黄缘闭壳龟。

安南龟长年均可交配，每年5—10月为发情交配期，而广东地区则集中在4月末至8月末，常见雌、雄龟在水中或陆地交配。在自然环境中，交配多在夜间进行；在人工饲养条件下，安南龟通常白天在陆或水池中相互追逐、交配。

安南龟的产卵季节为6—8月。每天早上和傍晚均要巡视产卵场，雌龟一般在夜间产卵，傍晚巡视时可见其挖穴，早上巡视重点在于检查雌龟是否已产卵。在每天上午8：00—10：00或下午3：00—5：00收卵，卵插入沙中，收卵时动作要轻，避免大的震动或摇晃。收卵后要剔除破卵、死卵、畸形卵和未受精卵。受精卵中央的一侧出现乳白色斑，简称白斑；未受精卵则无白斑，一般在卵产出96小时后还没出现乳白色斑，则说明此卵未受精，应剔除。

由于自然界中的温度和湿度变化较大，对龟卵孵化不利，故应尽早把龟卵收集到室内进行人工孵化。人工孵化根据情况可进行常温孵化或控温孵化。常温孵化时，可采用木箱、塑料箱、泡沫箱等孵化。用木箱做孵化器时，其规格为 40 厘米 × 30 厘米 × 20 厘米，箱底钻若干滤水孔。孵化用沙为粒径 0.54~0.6 毫米的细沙，箱底铺细沙 10 厘米，将受精卵间隔 1 厘米排列于沙面上，有白斑的一面朝上，然后在受精卵上覆盖厚 3~5 厘米的细沙，用标签注明卵的数量、产卵日期等，然后放入孵化室孵化。

孵化期内尽量少翻动受精卵，尤其是孵化开始的 1 个月内。孵化期间，保持沙子的温度为 24~32℃、湿度为 7%~8%。控温孵化时要经常检查温度是否在适宜范围内，不要超过 33℃，因为龟卵的卵白含量少，温度愈高则相应耗去的水分愈大。高温下孵化的卵常可见卵壳与壳下膜之间形成 1 个较大的空腔，说明卵白失水较快，而在适宜温度范围内孵化的卵一般无此现象。高温下孵化常引起胚胎因干燥而死亡。孵化期间，要定期检查孵化基质的湿度，并及时洒水保湿，室内空气相对湿度保持在 80%~90%。孵化后期，在孵化箱上加盖，防止龟苗爬出孵化箱。一般经过 60~75 天的孵化，稚龟将破壳而出。

3. 饲养技术

（1）稚龟的饲养管理

刚孵出的稚龟体重在 6.4~13 克，平均 9.75 克。稚龟卵黄吸收干净后就可转放入大胶盆中暂养。入盆时，稚龟用 1 毫克 / 升的高锰酸钾溶液浸泡消毒。0.2 米^2 的胶盆可放养 45 只稚龟。盆中水位以刚淹没龟背为好，每天换水 1 次。

开始 1 周用熟鸡（鸭）蛋黄或碎猪肝饲喂，1 周后可改用碎鱼肉、水丝蚓投喂。投喂量以投喂 3 小时后饵料稍有剩余为宜。喂食在上午和傍晚进行。稚龟转食鱼肉后不久就可转入稚龟池饲养。稚龟池为水泥池或池塘。稚龟入池前用 1 毫克 / 升高锰酸钾溶液或 5% 的盐水浸泡消毒 10 分钟左右。放养密度为 80~100 只 / 米²。投喂动物性饵料如鱼、虾、螺、畜禽内脏等为主，植物性的瓜果、蔬菜及谷物等为辅，也可喂食蛋白质含量在 40% 左右的配合饲料。日投喂量为稚龟体重的 4%~10%，如是配合饲料则为龟体重的 2%~3%。饵料放在食台上，剩饵要及时清除。投饵应做到"定时、定位、定质、定量"。

稚龟池水不宜太深，一般在 10~20 厘米。饲养过程中视水质状况定期换水，并用高锰酸钾或漂白粉溶液对水池及稚龟进行消毒以防病害发生。

在广州，随着气温、水温的逐渐下降，到 12 月进入稚龟的过冬管理阶段，一般加温过冬，温度为 26~30℃，在此期间，可以投喂营养丰富的饵料，使其在越冬期迅速生长。

（2）幼龟和成龟的饲养管理

稚龟经过一段时间冬眠后，到了第二年的 4 月上旬，气温上升到 15℃ 即转入幼龟的饲养阶段。按不同规格分级饲养，将个体大小基本一致的龟放到同一个池内饲养，以免造成强者以强欺弱、争抢食物伤及弱小者，从而有利于较小幼龟的健康生长。幼龟的放养密度为 2 龄 30~50 只 / 米²、3 龄 20~30 只 / 米²，入池时用 10 毫克 / 升的高锰酸钾浸浴 5 分钟，进行体表消毒。幼龟饲养池面积一般为 2~4 米²，陆地面积占 60%，水深在 15~30 厘米。

幼龟的饵料及投喂可参考石金钱龟和黄缘闭壳龟。

成龟的养殖池应尽量选在阳光充足、水源便利和生态环境保护良好的地方。龟池面积 100~200 米²，池周留有一定的陆地，陆地与水体所占面积的比例为 1：2.5 左右，池底坡度约 30°，池深 100 厘米，蓄水 30~50 厘米，寒冷地区应适当加深水位。产卵场要设在高处，挖坑 30 厘米，填上洁净的沙质土。产卵场的面积可按产卵雌龟数计算，雌龟一般放 2 只 / 米² 为宜。

在亲龟产卵前（4月中旬），清除产卵场的杂草烂叶，平整翻松沙地，周围种植遮阳植物。产卵场要防止鼠、蛇、猫等动物进入。500克左右的龟放4~6只/米^2。

龟、鱼混养的池塘，放养密度可控制在250~350千克/亩，小龟可少放，大龟可多放。龟、鱼混养中的鱼以鲢、鳙为主，适当放养些底层鱼类如鲫鱼、鲤鱼。鱼的放养量以亩计算，每亩放鲢鱼100尾，规格50~100克/尾；鳙鱼100尾，规格50~100克/尾；草鱼200尾，规格100~250克/尾；鲤鱼40尾，鲫鱼100尾，罗非鱼100尾。一般池内龟多可少养鱼，龟少多养鱼。

春、夏两季每天喂食1次，日投喂量为龟体重的2%~5%，秋季可相对增加投喂量和投喂次数，以高蛋白饵料为主，以促使龟体内贮存较多营养物质，满足龟冬眠期的需要。水质的好坏直接影响到龟的健康，春、秋两季应3天换1次水，对新购来的龟应逐渐换水，也就是第一次换一半，持续一段时间后，再改换全部水，使龟有一个适应过程，以预防龟对自来水发生过敏反应。夏季应每天换水，并每星期消毒1次。冬季一般不换水。

（3）越冬管理

当温度低于10℃时，龟进入完全冬眠期，15℃时有爬动、进食现象，此时不应多喂，最好不喂，以免引起疾病。在温度降至18℃时，应让龟清肠1~2周时间，使肠道的粪便排空，以免其发生体内发酵，使胃、肠道坏死，最后可能导致龟冬眠死亡。冬眠时，池内水位保持在30厘米左右，池底铺上干净的沙子，使龟自己钻入沙中自然冬眠。越冬前要多投喂些脂肪和蛋白质含量高的饲料，使龟体内贮存一定量的营养物质。天气极其寒冷时要采取相应的保暖措施，可在池子上面覆盖塑料薄膜，上面再堆放杂草等保暖材料。到了冬眠后期，可逐渐减少杂草的厚度。详细越冬管理技术可参考石金钱龟和黄缘闭壳龟。

（六）乌龟养殖技术

乌龟，俗名中华草龟、香龟、泥龟、臭乌龟等，淡水龟科，乌龟属。我国除青海、西藏、宁夏、吉林、山西、辽宁、新疆、黑龙江、内蒙古没有发现之外，其余各地均有分布。国外分布于日本、朝鲜、韩国等。是我国龟类中分布最广，数量最多的一种，是特种大宗水产养殖品种之一。

1. 生物学特征

（1）形态特征

头、颈侧面有黄色线状斑纹，有 3 条纵向的隆起，后缘不呈锯齿状。雄体背甲为黑色或全身黑色，雌体背甲为棕色，腹面略带一些黄色，均有暗褐色斑纹。四肢比较扁平，有爪子。趾间具有全蹼。

（2）生活习性

水栖，杂食性动物，动物性食物多为蠕虫、小鱼、虾、螺蛳、蚌以及动物尸体及内脏、热猪血、腐肉等；植物性食物主要为植物茎叶、瓜果皮、麦麸等。人工喂养稚龟喂龟食、红线虫较好，成体龟可以喂鱼虾、泥鳅，辅以青菜为好。乌龟喜集群穴居，在温度低于25℃就不摄食了，13℃左右冬眠。一般 4 月下旬开始摄食，摄食量占其乌龟体重的 2%~3%；6—8 月摄食旺盛，摄食量占体重的5%~6%；10 月摄食量下降，摄食量占体重的 1%~2%。从 11 月到翌年 4 月一般冬眠，气温在 15℃以下时，乌龟潜入池底淤泥中或静卧于覆盖有稻草的松土中冬眠。

（3）繁殖习性

乌龟的产卵期各地有所不同，平原水域地区一般 5 月底开始，

7—8月时为产卵高峰期，9月结束。一只雌亲龟年产卵3~4次，每次一穴，每穴2~7枚。人工饲养的乌龟有集群产卵的习性，有时能有多只龟在同一穴产卵几十枚。雌龟产卵前选择土质疏松的斜坡和隐蔽的树根旁或杂草处扒土成穴，穴口大小8~10厘米，深9~12厘米。产卵时间多在夜间或黎明。

2. 繁殖技术

（1）雌雄配比与交配

雌龟体重700克以上可达到性成熟，可用于交配繁殖。雌雄配比一般为2：1，交配的适宜温度为20~30℃，交配时间晴天多在傍晚5：00—6：00，雨天在下午2：00—4：00。

（2）乌龟卵的孵化

乌龟卵有自然孵化和人工孵化两种方式。人工孵化，将采回龟卵放在高25厘米（长度不限，宽度因地制宜）的木箱中，箱上盖好湿布，箱底钻若干个小孔，底铺厚15~20厘米的沙，将龟卵排在沙中，再在卵上撒放厚2厘米左右的细沙，沙上盖湿毛巾，保持室内温度25~35℃。空气干燥的晴天，每天向沙上洒水1~2次，空气湿度较大时，可减少洒水次数。稚龟出壳时，应防稚龟逃跑、敌害侵袭、蚊虫叮咬。乌龟卵经过50~60天孵化，稚龟将会出壳。

3. 乌龟池塘饲养管理

乌龟池塘生态养殖的秘诀是一种、二料、三管。具体内容如下：

（1）营造池塘生态环境

营造适应乌龟生长的优良池塘生态环境是养好乌龟的关键技术。乌龟养殖场要求挑选坐北朝南、阳光充足、空气新鲜、水源丰富、水质良好、排灌水方便及无污染、无喧闹安静的地方。池塘四周建有防盗、防逃墙，龟池周围应留出 20%~30% 的陆地，种植一些小草和小树，铺上适度沙土带，供乌龟栖息、运动和繁殖。池塘里可种少量（1/3 左右）的水葫芦或水浮莲，为乌龟提供攀附隐藏、栖息、晒背的场所。稚龟池塘应搭建防暑遮光网。水陆交界处应保证有斜坡浅水地带，可在水边铺水泥板，斜坡度为 25º~30º，方便乌龟爬上水面和陆地。在池塘四周水泥板设置半水浸式的食台，距水 5~6 厘米处投饵料，以适应乌龟咽水咬食的习性。

在投放苗种之前，要用生石灰清塘消毒，先注入清水深 50~80 厘米浸泡池塘 1~2 天后排掉，再注清水深 50 厘米，全塘泼洒漂白粉 1~2 克 / 米^2。

（2）正确选择苗种和放养密度

1）正确选择乌龟苗种。挑选种质纯正、性状优良的苗种，龟壳完整、无伤、无病、无畸形、活力强及规格整齐。避免近亲繁殖苗种。

2）放养密度。放养密度应视龟的苗种规格大小而定，一般稚龟可放养密度大些，幼龟次之，成龟更小。若水源充足，换水方便，放养密度可适当高些。

（3）饲养管理

1）稚龟的饲养管理。出壳后的稚龟很娇嫩，应单独饲养和精心管理。一般采用另砌一个水泥池，池内陆地占 1/3，水占 2/3。饲料一般选择熟蛋白、熟蛋黄、熟面条、米饭、碎鱼、虾等精细饵料，每天投喂 2 次，分别在早上 8：00 和下午 5：00 投喂。刚出壳的稚龟，抵抗力较弱，为了提高其抗病能力，可用 10% 生理盐水消毒，消毒期间不喂食。3 天后可适当喂熟蛋黄、熟蛋白，也可喂些熟畜、禽血；7 天后移进暂养池。

2）幼龟和成龟的饲养管理。饲养池一般为土池，四周砌高 0.5 米的围墙，池中留 1~2 个小岛，池堤坡度 1：3，岛上四周长草，中间放沙供龟栖息或产卵。若是水泥池饲养，池深 1~1.5 米，水深 0.8 米左右，放泥厚 20 厘米，池内设进出口，放一些水浮萍或水花生作为遮阴；放养密度均不宜太大，一般 10 只 / 米²。当水温上升到 15℃以上成龟开始吃食。6—9 月是盛食期，11 月开始食量下降。当水温下降到 15℃以下进入冬眠。春、秋两季气温较低，喂食时间放在上午 8：00—9：00，盛夏期间，乌龟早晚活动，投饵应在下午 4：00—5：00。乌龟的摄食量约为体重的 4% 左右，隔天投喂，喂后要及时清理剩余食物，防止污染造成伤害。

要勤换水保持水质新鲜。乌龟的生长与喂食质量有关，一般常喂动物性饵料，每月可增重 50 克左右。

3）越冬管理。当年稚龟最好和成龟分开越冬，稚龟越冬的方法大都采取室内放小木盆 1 只，盆中放厚度为 20~30 厘米的沙，将稚龟放入沙中，再在稚龟身上撒厚度为 0.5 厘米的细沙，上面用纱布遮盖，适量喷些温水，就能安全越冬。养殖第 1 年的幼龟因适应性还较弱，可直接采用搭简易棚膜采光增温进行冬养。同时，通过气泵从棚膜外向水中输送空气，提高池水中的溶氧含量，以避免混养鱼类缺氧浮头。乌龟冬眠期间，应经常捞出和补放水葫芦，以保水质清新，捞补时避免弄翻龟，影响正常呼吸。

（4）调节优良水质

保持水质优良是池塘生态养殖技术的中心环节，也是养好乌龟的主要技术措施。根据经验，采用龟鱼混养方式，以鱼类食性和生态习性调节水质。在养乌龟的池塘中套养滤食性鱼类可控制浮游生物，套养底食性鱼类可控制有机物。每亩水面配养鲢 150~200 尾，鳙（大头鱼）80~100 尾，鲫鱼或本地鲶鱼（塘）150~200 尾。如罗非鱼、鳜鱼和黑鱼等，每平方米放养 1~2 条，加速水体能量循环、维护水体生态平衡。

（七）中华鳖养殖技术

中华鳖，俗名甲鱼、王八、水鱼、团鱼，鳖科、鳖亚科、华鳖属。中国除新疆、西藏和青海以外的地区都有分布，国外分布于日本、朝鲜半岛、越南等。中华鳖是大宗水产养殖品种之一，尤以湖南、广东、浙江等省产量较高。

1. 生物学特性

（1）形态特征

体躯扁平，呈椭圆形，背腹具甲。通体被柔软的革质皮肤，无角质盾片。体色基本一致，无鲜明的淡色斑点。头部粗大，眼小，口无齿，脖颈细长，呈圆筒状，伸缩自如，视觉敏锐。尾部较短。四肢扁平，后肢比前肢发达，趾间有蹼，四肢均可缩入甲壳内。

（2）生活习性

中华鳖生活于江河、湖沼、池塘等水流平缓、鱼虾繁生的淡水水域，在安静、清洁、阳光充足的水岸边活动较频繁，喜晒太阳或乘凉风。喜食鱼、虾、昆虫等，也食水草、谷类等植物性食物，特别嗜食臭鱼、烂虾等腐食，耐饥饿，但贪食且残忍，如食饵缺乏还会互相蚕食。性怯懦怕声响，白天潜伏水中或淤泥中，夜间出水觅食。

中华鳖 4~5 龄性成熟，产卵高峰期在 4—5 月，水中交配，待 20 天产卵，多次性产卵，至 8 月结束。通常首次产卵仅 4~6 枚，一般可产卵 3~4 次，5 岁以上雌鳖一年可产卵 50~100 枚。卵为球形，乳白色，卵径 15~20 毫米，卵重为 8~9 克。雌鳖选好产卵点后，掘坑深 10 厘米，将卵产于其中，然后用土覆盖压平伪装，不留痕迹。经过 40~50 天地温孵化，稚鳖破壳而出，1~3 天脐带脱落入水生活。

2. 饲养技术

中华鳖的生长发育一般可分为稚鳖、幼鳖和成鳖 3 个阶段，而这 3 个阶段对养殖环境的要求也不相同。按其体重划分，刚孵化出来的为稚鳖；10~50 克的为幼鳖；50~200 克的为种鳖；200 克以上的为成鳖；750 克以上的为亲鳖。由于中华鳖的生长速度不同，又有同类相残的习性，因此宜将不同生长阶段、不同规格的中华鳖分池饲养，需分别建造亲鳖池、稚鳖池、幼鳖池、种鳖池、成鳖池。一个完整的养鳖场，除要有上述 5 种鳖池外，还要有产蛋房、病鳖隔离池等。

（1）稚鳖的饲养管理

稚鳖对饵料的要求较高，要求饵料精、细、软、鲜、嫩，营养全面，适口性好。通常在稚鳖出壳 1 个月内投喂红虫、小糠虾、丝蚯蚓、摇蚊幼虫等，也可投喂蛋黄、动物肝脏等，以后逐步改投蝇蛆、蚯蚓、小虾，以及切碎的鱼糜、动物内脏、河蚌、螺等。幼鳖的饵料投喂要求虽不如稚鳖严格，但因摄食能力较强，需要量比较大，除了投喂高蛋白质的动物性饲料外，还应在饲料中混以等量的新鲜鱼或猪内脏糜，并适当加些菜叶；将饲料搅拌成具有黏性、弹性和伸展性的团块状饲料。幼鳖 1 天投喂 2~3 次，通常上午 8：00—9：00 投喂 1 次，下午 2：00—3：00 投喂 1 次，日投喂量占鳖体重的 5%~10%，饲料投在固定的饲料台上。同时要控制水温、水质、水位，防止病害及检修防逃设施，并做好饲养情况的记录。

（2）幼鳖和成鳖的饲养管理

成鳖饲养过程一般从放养 100 克左右的种鳖起，到养到 500 克以上出售为止。此过程主要在室外完成，有条件的可开展工厂化养鳖。放养密度因鳖的规格不同而不同。要注意的是应根据鳖的大小分档、分级饲养，避免相互撕咬，影响生长。在温室移入露天池塘时，两者的水温差调节到上下不超过 3℃，否则易使中华鳖患病。中华鳖的体重为 100 克的，每平方米放养 3~5 只；体重约 200 克的，每平方米放养 2~3 只。成鳖的投喂方法、数量、次数及种类与幼鳖基本相同，在饲养过程中使用配合饲料比使用各种单项饲料效果更好。饲料的投喂要根据池塘大小和鳖的多少合理设置投料台，每亩水面不少于 3 个。饲料台选用 50 厘米 × 150 厘米的石棉瓦为主，按"四定""三看"原则投喂，每天投喂 2 次，即早、晚各 1 次，每次在 1.5 小时内吃完为准。其中，早上一次占全天 40% 左右。水质调控要做到：一是高温季节尽量多加注新水，坚持量少次多的原则；二是鳖池都要放养水葫芦，占水面面积的 1/3~1/2；三是每天巡塘 2~3 次，观察鳖的活动、吃食情况和水质情况。

五、龟鳖养殖常见疾病防治技术

龟鳖在自然环境中生长、抗病能力都比较强，一般很少发病。但由于人工集约化养殖，且养殖密度较高，或控温高密度养殖，环境的温度和湿度都适宜细菌、病毒繁殖生长，喂食的残饵、龟鳖的粪便也很容易造成水体污染。稚龟、幼龟抗病力较差，特别是稚龟身体机能尚未健全，对不良环境抵抗力弱，很容易得病。所以，龟鳖疾病的防治应贯彻以防为主，防治结合的方针。

（一）疾 病 预 防

要养好龟鳖，必须要认识龟鳖。技术人员必须对龟鳖有较细致的了解，龟鳖是冷血动物，在自然生活环境中，能自由应对春夏秋冬环境气候变化，能自己调节整个生理过程。切不要人为、不合理地控制其生活环境。

要将龟鳖规模化生产，养出健康、安全、高品质的龟鳖。需多读有关龟鳖类书籍，理解运用各项技术参数，细心分析冷血动物与热血动物、两栖动物与陆生动物的生活环境、食物条件要求、人工养殖等区别。设置适合龟类生长的养殖场所，加强日常管理，保障龟鳖健康生长。

1. 日常管理

要预防龟鳖发生疾病，关键靠日常管理。在龟鳖整个生长过程中，环境温度是一个重要影响因素，生长、休眠、食量大小、生长快慢、生理成熟、繁殖、健康、发病等都受温度直接影响。良好的环境与优质的饲料是养殖优质健康龟鳖的主要因素。

养殖环境和温度对龟鳖的影响：

①性成熟的龟鳖，群体同池混养在温度较高范围内会大量发生烂颈病，主要交配时被公龟咬伤所致。

②幼苗、中苗在某段时间或某个季节在同一个养殖池或养殖车间发生咬尾,可能是因高温低湿引起。

③在7—10月,龟鳖在某个温度范围内会食量大增,但几天后温度过高自动会发生减食或停食,处理不当会并发多种疾病,如个体或群体发生慢性或急性痢疾,出现死亡。

④温度偏低会少食或停食,易发生细菌类疾病。

⑤在设定养殖温度时,突然改变水温或气温、温差过大会造成龟鳖不适或生病。多发生在高温季节和室外养殖,或突然降雨淋洒到龟鳖身上,或人为强行抛龟鳖入水池、龟鳖受惊跳入水池,或气温、水温高时,突然急速换冷水,造成温差过大,若处理不及时或处理不当,发现龟鳖当天减食或停食,幼苗、中苗最明显,严重的可能在短时间内出现疾病,或几天后会出现多种疾病。

⑥当用正常温度药浴,认为安全时,某种原因造成温度升高后,龟鳖可能短时间内大量死亡,尤其是幼苗。可能是温度升高,药效加速,造成龟鳖的新陈代谢加快所致。

⑦当使用正常温度养殖,某种原因导致温度升高,当发现时应即时换水降温。严重的可能当即出现症状或短时间内发病。

⑧不要过量投喂饲料,投喂劣质饲料、变质饲料或不配合环境温度随意投喂。

⑨冬眠前后养殖池及龟鳖体无彻底灭菌消毒。

2. 饲喂方法、饲料质量的影响

（1）饲喂方法

适量投喂,投喂量随气温变化而变化。很多养龟鳖的人认为喂得多、吃得多就大得快,这是错误想法。龟鳖与一般畜禽动物大不相同,养龟鳖人可以观察自己的种龟鳖,在正常情况下,几天喂1次,年轻种龟鳖每年长大,还能产蛋,老年种龟鳖每年可增重、产蛋。这可以证明龟鳖食量很小，积聚净能很高。过量投喂必定出现消化系统疾病，消化系统受损会引发其他多种疾病。

（2）饲料质量

优质的饲料是健康养殖的关键，在养殖过程中，应选择新鲜、优质、清洁、无毒无害的饲料。发现腐烂变质的饵料一定要剔除不喂。

（二）疾病治疗

1. 疾病诊辨

在平常的养殖诊断中可从"动态、静态、食态"三方面进行观察。对个体病龟鳖可通过"看、听、摸、检"方法进行诊断，从表面症状分析病因，寻找病源。

1）了解发现龟鳖病前段时期的气候变化，龟鳖养殖环境温度变化情况、食物质量、投喂数量、群体组合混养和药物使用情况等。

2）看龟鳖精神、呼吸、活动能力、吃食、可视黏膜、皮肤等情况。

3）听龟鳖呼吸是否有异常声音。

4）摸鱼池器具、龟鳖底板、背壳、腹腔表皮部位，有无附着黏液物，观察头、尾、脚等触觉反应情况。

5）检查龟鳖粪便、口腔黏膜、生殖器官是否有异常或机械损伤。

通过综合分析，做出治疗方案，组合药物，根据不同疾病及不同个体做出具体处理。

2. 龟鳖病的治疗与护理

养龟鳖人都知道龟鳖病确实很难治疗，要治疗好病龟鳖，需要懂得最基本的药理、病理知识，要细心根据表面症状综合分析，有些病出现一个比较明显的症状，可能是几个病并发的综合表现。当发现一个器官出现表面症状，可能在前段时间多个系统已出现问题。由于龟鳖长期生活于水体中，容易感染细菌类疾病。龟鳖病的治疗应分别按防控与治疗原则：组合相应药物，对应施药。

1）疗养环境与药物温度。由于龟鳖是冷血动物，在对病龟鳖给药时应保证龟鳖在正常生长环境温度存放、疗养。注射或口服药物温度应与正常温度配合。

2）组合药物与使用剂量。应根据个体病龟鳖疾病类型、病龟鳖体能、存放环境温度进行调配。

3）重危病龟鳖、体能差病龟鳖用药。用药前最好先补充体能药物或与治疗药物同时进行，不宜每天给药，否则会因给药过急而加速死亡。

4）经治疗后，症状暂时消失并不等于已完全康复，要继续观察动态、静态、食态、排便等方面的情况，单独暂养。治疗后，由于体能未恢复正常、用药后体内有药物异味、因隔离后与群体友情消失等情况，当你过早将亚健康的龟鳖放入群体池中养殖可能会被其他龟鳖攻击致死，或因被雄性强行交配致死，或旧病复发死亡。

3. 几种常见龟鳖疾病的治疗方法

（1）感冒

1）症状。患病龟鳖精神差，少食或不食，嗜睡、鼻塞、流涕、打喷嚏，如果治疗不及时，会引发上呼吸道感染、肺炎等导致死亡。

2）病因。病因主要有两个方面：一是气温异常，秋末、冬初或者初春时期，气温变化异常，龟鳖容易外感伤寒。二是环境异常，水质差，消毒杀菌不到位，大量病毒及有害细菌滋生，引起呼吸道感染引发感冒。

3）治疗。治疗常用两种方式：一是隔离，将患病龟鳖拿出来，与其他健康的龟鳖苗隔离，用专门的盆治疗和喂养。二是泡药，用土霉素浸泡，每升水加入1片土霉素，每天浸泡1~2次，每次浸泡4小时左右，5天为个疗程，视病情轻重用1~2个疗程。

（2）肺炎

患感冒的龟鳖，若没有得到及时医治，往往引发肺炎。肺炎可分为细菌性肺炎、病毒性肺炎和肺脓肿3种。

1）细菌性肺炎。症状：龟鳖张口吸气，呼吸急促，口腔颜色变深褐红色者为严重。治疗：用土霉素浸泡，每升水加入1~2片土霉素，每天浸泡1~2次，每次浸泡8小时左右。

2）病毒性肺炎。治疗：可购买专用药物，进行肌肉注射治疗。

3）肺脓肿。使用专用药物治疗。

（3）肝炎

龟鳖肝炎也叫肿肝病、坏肝病，是一种综合性肝病。此病几乎在我国所有的龟鳖养殖场中都有不同程度的发生，特别是采用人工集约化养殖的企业，最严重的死亡率可达20%左右，是目前较严重影响龟鳖养殖效益的疾病。龟鳖肝炎可分为药源性肝炎、病源性感染肝炎和脂肪性肝病3类。

1）药源性肝炎。在治疗其他疾病过程中，所用的药物令肝脏受损，或过敏，或在饲料中长期添加化学药品进行防病及增加龟鳖的抵抗力，都可能使龟鳖肝脏受损害。食物和药物在龟鳖体内吸收后，经肝脏代谢再排出体外，这就是药源性肝炎的主要原因。容易令肝脏受损的药物较常见的有：抗生素、磺胺类药物和雌激素、雄